CULTURE
DU POIRIER

ET DESCRIPTION ABRÉGÉE

DES CENT MEILLEURES POIRES

CULTURE
DU POIRIER

COMPRENANT

LA PLANTATION, LA TAILLE, LA MISE A FRUIT

ET LA DESCRIPTION ABRÉGÉE

DES CENT MEILLEURES POIRES

PAR

CHARLES BALTET

3ᵉ ÉDITION

DES BONNES POIRES

PARIS

LIBRAIRIE CENTRALE D'AGRICULTURE ET DE JARDINAGE

RUE DES ÉCOLES, 82, PRÈS LE MUSÉE DE CLUNY

Auguste **GOIN**, éditeur

1865

INTRODUCTION

Le poirier est le premier de nos arbres à fruits comestibles.

Il est indispensable au jardin ou au ver-ger, dans le voisinage de la ferme ou des maisons de campagne.

La beauté de son port, l'abondance de ses fruits sont des titres indiscutables qui lui assurent une des places d'honneur dans le parc paysager ou dans le parc frui-tier, soit qu'on mette le sujet en plein vent ou en espalier, soit qu'on le plante isolé-ment, en massif ou en ligne.

Le poirier est une espèce docile à nos fantaisies, robuste et généreuse. Aban-donnez l'arbre à lui-même, torturez-le sous prétexte d'art, conduisez-le avec discernement ; toujours il prospère, il flatte la vue, il se couvre de produits de choix , et nous procure des fruits frais pendant toute l'année.

Aucune autre plante ne saurait lui contester cette suprématie que lui donne son mérite à la fois utile et ornemental.

Nous pouvons encore le ranger parmi les végétaux économiques de première nécessité.

Ses fruits, qui le décorent et font les délices de nos tables, deviennent l'objet d'un commerce important, avantageux, et forment en même temps une branche de l'alimentation publique.

Le poirier est un arbre éminemment français, et partout on aime les bonnes poires.

C'est ce qui nous engage à parler sommairement de sa culture, et à indiquer les moyens de posséder ses meilleures variétés.

Charles **BALTET,**
Horticulteur à Troyes (Aube).

CULTURE
DU POIRIER

ET DESCRIPTION ABRÉGÉE

DES CENT MEILLEURES POIRES

PRÉCEPTES

SUR LA

CULTURE DU POIRIER (1)

Terrain du Poirier

Le poirier aime un bon sol, substantiel et profond. Les terres arides ne sont pas favorables à sa végétation; trop humides, elles nuisent à son fruit.

Les terres franches, les terres argilo-siliceuses, les sables gras, ferrugineux, les terrains légers, un peu frais, où l'humus tourbeux domine le calcaire, tous ces terrains conviennent au poirier, à la condi-

---

(1) Une partie de la *Culture du Poirier* est empruntée à notre chapitre *Du Poirier* dans le *Livre de la ferme et des maisons de campagne*. 2 vol. grand in-8º ornés de nombreuses figures. *Franco 32 fr.*

tion que la couche arable soit épaisse et que le sous-sol soit perméable.

Quand le sous-sol est contraire à la végétation et d'une extraction difficile, on évite d'y toucher ; il suffit d'améliorer la couche végétale.

Nous indiquons plus loin les natures de terre spéciales au poirier greffé sur franc ou sur cognassier, ainsi que les principaux engrais qui conviennent à chacun d'eux.

Les fumiers actifs et toute substance qui fermente vite ne doivent jamais être employés pour amender le sol, quand les arbres s'y trouvent plantés. On les emploie à titre de fumure assez de temps avant la plantation.

Les engrais à décomposition lente seront enfouis à l'automne, et au printemps ceux qui agissent promptement. Il faut toujours les mélanger avec la terre qui entoure les racines de l'arbre.

On a remarqué que le voisinage d'une rivière n'est point défavorable à la fructification du poirier.

Poirier en plein air

Le poirier vit difficilement sous une latitude supérieure à celle du midi de la France. Déjà, sur quelques points du littoral de la Méditerranée, le mistral lui est contraire ; en Algérie il roussit, il se dessèche sous les vents du désert.

Ailleurs, vers le nord, les brouillards froids et permanents de l'Angleterre, le voisinage des glaces de l'Europe septentrionale sont autant d'obstacles à son existence.

Il faut donc, dans les contrées chaudes, planter le poirier sur le versant nord des collines et sur les plateaux où le vent circule librement; tandis que dans les localités froides on le place sur les côteaux qui regardent le soleil, dans les gorges où l'air et la chaleur se concentrent, dans les plaines assez hautes pour n'avoir pas à craindre une humidité stagnante, mais pas trop hautes de manière à être exposées aux courants d'air froid.

Dans nos régions tempérées, favorables au poirier, les situations exposées aux accidents de la température printanière, aux rosées froides souvent répétées, amènent la coulure des fleurs et détériorent le fruit à son premier âge.

Les emplacements tourmentés par les bourrasques provoquent la chute des fruits avant le terme.

Les jardins et vergers de notre pays n'offrent que très-rarement toutes ces difficultés.

Poirier en espalier

L'espalier offre un abri à la floraison et assure la fructification. Le poirier vient aux quatre expositions.

Dans un pays aussi chaud que le sud de la France, l'espalier au midi serait trop brûlant, et dans les contrées humides et septentrionales, la façade nord contrarierait son développement normal.

Donc le plein midi d'un terrain sec lui est généralement contraire aussi bien que le plein nord d'un terrain froid. Il suffira d'intervertir l'ordre, de telle sorte que l'exposition compense les rigueurs de la position.

L'est et le sud-est sont les meilleures expositions ; puis le sud-ouest, l'ouest et le nord-ouest.

Les poires d'été, parfumées ou colorées, demandent les expositions visitées par le soleil ; celles qui blettissent promptement ne l'exigent pas.

Les poires d'automne et d'hiver, qui mûrissent au fruitier, sont moins difficiles ; celles qui ont une peau épaisse et des sucs latents ont besoin des rayons solaires pour les faire développer ; sous l'action du soleil, les saveurs âpres sont moins prononcées.

Le nord convient aux espèces robustes, vigoureuses et fertiles, aux fruits juteux, vineux, parfumés, aromatisés ou à cuire. Son inconvénient est de favoriser la reproduction de l'insecte appelé *kermès*.

Le midi peut provoquer la jaunisse des feuilles et le dépérissement des végétations faibles.

Les fruits qui gercent redoutent le couchant.

Reproduction du Poirier

Si l'on veut obtenir de nouvelles variétés de poirier, il suffit de semer les pepins de la première poire ve-

nue ; mais si l'on veut augmenter les chances de récolter un bon fruit, il faut choisir les plus beaux
pepins des meilleures poires d'hiver.

Aussitôt le fruit mûr, on en sème les pepins ; et
plus souvent on les stratifie dans du sable, en pot, en
terrine ou en caisse, et on sème définitivement au
printemps dans une bonne terre ameublie à 1 centi-
mètre de profondeur. On arrache le plant et on le
replante aussitôt, tous les deux ou trois ans, dans
le but d'en hâter la fructification.

On obtient ainsi des variétés inédites qui sont plus
ou moins bonnes ; on doit être difficile dans celles
que l'on garde, car la nomenclature pomologique est
déjà très-riche en bons fruits.

Quand on veut propager une variété de poire, on
la greffe : 1º sur poirier franc, c'est-à-dire sur plant
de poirier obtenu comme nous venons de le dire,
en semant les pepins de poire ou en semant les
marcs de poiré ; 2º sur cognassier. Le plant de
cognassier s'obtient par bouturage de rameaux munis d'un talon, ou par marcottage en cépée.

Le cognassier demande à être greffé près du sol.
Le franc se greffe à basse tige, et même à haute tige
si le sauvageon est robuste et l'arbre destiné à être
élevé en haute tige.

On greffe rarement le poirier sur aubépine. Nous
avons imaginé d'employer l'intermédiaire du cognassier, entre l'aubépine et le poirier, sur le même
plant.

Le poirier est docile aux divers modes de greffage

connus : par inoculation de rameau ou d'œil (en écusson), en fente, en couronne, à l'anglaise, par incrustation, en approche.

Poirier greffé sur franc

On appelle poirier franc ou sauvageon le sujet qui provient d'un pepin de poirier. Il se prête au greffage de toutes les variétés de poirier.

Le poirier franc aime une couche de terre végétale profonde qui lui permette d'y enfoncer ses racines pivotantes. Son terrain favori serait plutôt ferme que trop léger, à moins qu'il n'ait un peu de fraîcheur et qu'il ne repose sur un sous-sol perméable ou d'assez bonne composition. Un sous-sol inerte, peu profond, lui serait contraire ; le caillou et le calcaire ne lui nuisent guère.

En général, la sécheresse lui est moins pernicieuse que l'humidité stagnante.

Les engrais qu'il réclame pour les sols ingrats sont la terre franche, la terre de pré, les platras de démolitions, les poudrettes, les déjections animales, le fumier léger consumé, les sables d'alluvion, etc.

Le poirier greffé sur franc est plus vigoureux, moins capricieux que sur toute autre espèce ; si la fructification de l'arbre est plus lente, sa durée se trouve de beaucoup augmentée. Lorsque arrive l'âge mûr, il conserve sa vigueur tout en produisant abondamment et prolonge son existence jusqu'à devenir archi-séculaire, quand les milieux qui l'environnent lui sont favorables.

Il convient aux grandes formes, aux vastes envergures, aux sujets taillés long ou non taillés. Il est indispensable au verger, aux plantations d'arbres à haute tige.

On peut dire que c'est l'arbre du planteur qui songe à doter ses héritiers.

Poirier greffé sur cognassier

Le poirier greffé sur cognassier est moins vigoureux que sur franc; sa fertilité est plus prompte, ses fruits y acquièrent plus tôt un volume, un coloris et un degré de saveur que le poirier franc procure seulement après son âge adulte, alors que plusieurs années de production ont dompté sa vigueur.

Toutes les variétés ne réussissent pas sur cognassier; celles qui s'y montrent rebelles seront greffées sur une variété intermédiaire, sympathique au cognassier, et déjà greffées sur ce sujet.

Le poirier sur cognassier préfère les endroits frais, les sables d'alluvion, les sols qui ne manquent pas de consistance, les terres noires ou rouges, pourvu qu'elles soient légèrement humides ou assez grasses sans être trop compactes. L'excès de porosité du terrain a des inconvénients toutes les fois que le sous-sol manque d'humidité.

On peut amender le sol avec des substances grasses

et fraîches, comme boues de ville, curures d'étang, gazons pourris, déchets de laines, fumiers de vache, râclures d'étable, débris d'animaux ou de végétaux.

Un poirier sur cognassier, délicat, peut acquérir une vigueur nouvelle au moyen de l'affranchissement ; on pratique de petites incisions dans le bourrelet de la greffe et on l'entoure de bonnes terres ; des chevelus s'y forment, et le poirier vit de ses propres racines.

Le cognassier convient moins aux terrains en pente, aux endroits battus par les grands vents, aux expositions brûlantes, aux variétés privées de vigueur ou trop fécondes.

Il vit moins longtemps que le sujet franc. Quand tous deux réussissent dans un jardin, on les plante l'un et l'autre en les intercalant. On récolte promptement, et l'avenir de la plantation n'en souffre point, le franc étant la réserve du cognassier.

Le poirier sur cognassier, c'est l'arbre du planteur qui veut jouir de tout le bénéfice de son travail.

Construction ou forme du Poirier

On appelle forme d'un arbre la tournure qui lui est imposée, le dessin figuré par l'ensemble de sa charpente.

Le but de la construction d'une forme est d'équilibrer les forces du sujet et d'assurer sa production.

Le poirier n'a pas de forme adoptive ; c'est le résultat du hasard, de la fantaisie ou du raisonnement de l'arboriculteur.

Une bonne forme doit remplir les conditions suivantes :

1º Entretenir la vie de l'arbre ;

2º Garnir promptement l'espace qui lui est réservé ;

3º Stimuler sa fructification ;

4º Élever cette fructification à son maximum ;

5º Procurer à l'arbre une disposition de branches agréable à la vue.

Les formes que nous indiquons ci-après répondent à ces conditions. Elles sont de deux sortes : les formes arrondies où le branchage rayonne autour de l'axe du sujet, les formes aplaties ou en rideau.

Les *formes arrondies* ou touffues, destinées au plein air, sont disposées en cône, en boule, en entonnoir, ou abandonnées à la nature, et comprennent les pyramides, les vases, les hautes tiges à tout vent.

Les *formes aplaties*, mieux exposées à l'air et au soleil, sont plus généralement appliquées à l'espalier et au contre-espalier. Elles se divisent en palmettes, en candélabres, en éventails, en cordons.

La construction est dite à haute tige ou à basse tige.

En haute tige, le branchage commence à 2 mètres du sol, sur une tige nue. En basse tige, il commence à 30 centimètres de terre.

Quelle que soit la forme ou la méthode de culture adoptée, le branchage se compose de branches simples et solitaires sur l'empâtement, bien garnies de

brindilles fruitières dans toute leur étendue. La brancheprovient d'un bourgeon né directement sur la
tige, ni bifurqué, ni venu sur lambourde, et naturellement ou par le fait d'une greffe. Les branches de
la base doivent être plus fortes que les autres.

L'ensemble du branchage doit offrir le plus de
surface possible à la circulation de l'air, à la pénétration de la lumière.

L'intervalle à conserver entre deux membres de
charpente immédiatement superposés est de 20 à 30
centimètres.

Poirier à haute tige

Le poirier à haute tige se compose d'une tige et
d'un branchage porté sur cette tige à une hauteur
de 2 mètres environ.

Ce branchage sera abandonné à lui-même, ou formé
en pyramide, ou disposé en vase.

La forme *naturelle* et primitive convient aux variétés délicates en végétation et aux moins productives.

La forme *pyramidale* ou conique est propre aux
variétés qui s'y disposent naturellement, ou qui
jettent des branches divariquées autour d'une tige
médiane.

La forme *vase* ou entonnoir est réservée aux variétés ramifiées trop confusément, aux arbres très-
fertiles ou placés dans une situation ombragée.

On cultive en haute tige les variétés de bonne

vigueur, d'une fertilité ordinaire et dont le fruit tient bien à l'arbre ou n'est pas de première grosseur.

Cette forme est nécessaire aux arbres de verger, ou bordant les routes et les chemins, ou plantés dans un champ soumis à la grande culture.

Il est utile d'enlever chaque année, ou tous les deux ans, du bois dans le branchage trop diffus ou fatigué de produire.

Poirier en cône ou pyramide

Une tige verticale garnie sur toute son étendue d'un branchage formant le cône, tel est l'ensemble de ce qu'on appelle en arboriculture une pyramide. Le cône étant émoussé représente un pain de sucre ou une borne.

Presque toutes les variétés de poirier viennent et fructifient sous la forme conique; celles à bois divariqué s'y maintiennent avec peine.

Les situations peu propices à la forme pyramidale sont les endroits concentrés, ombragés, près des grands arbres ou à proximité de bâtiments élevés.

On calcule que la base de la pyramide doit avoir un diamètre égal au tiers de la hauteur. Mais rien n'oblige à suivre cette règle.

Pour obvier aux défauts du cône, — manque d'air au centre, irrégularité du branchage,— on a imaginé les *pyramides ailées*, à 3, 4, 5 ou 6 ailes. Les branches de l'aile sont étagées sur le même plan vertical, et retenues à un tuteur ; elles partent de la tige horizontalement, et peuvent ensuite remonter verticalement comme dans un candélabre.

La pyramide à étages ou *girandole* est également favorable à la pénétration de la lumière.

Poirier en fuseau

Le fuseau ou colonne est une pyramide étroite, souvent cylindrique. La tige centrale est garnie du bas en haut de petites branches courtes, ramifiées, et de brindilles fruitières. Certaines variétés s'y disposent naturellement ; il faut alors en profiter.

Le fuseau occupe peu de place dans un jardin ; il donne moins d'ombre dans son entourage, et ses brindilles reçoivent plus de soleil que dans la pyramide.

Il offre moins de résistance au vent, lorsque surtout il est greffé sur cognassier ; mais dans une plantation de fuseaux, on peut réunir les flèches d'un arbre à l'autre et les souder par la greffe. Les arbres se soutiennent mutuellement, et l'ensemble de la plantation est gracieux.

Poirier en palmette

La palmette se compose d'une tige verticale (*palmette simple*), ou de deux tiges (*palmette double*), portant à droite et à gauche des branches horizontales ou obliques (*palmette horizontale* ou *palmette oblique*).

Les étages sont distancés symétriquement ; on en crée un par année au moyen de la taille de la tige médiane.

L'envergure de la palmette est calculée sur la richesse du sol et la vigueur de la variété.

Quand la flèche centrale nuit à l'équilibre, on la retranche net à la naissance de l'étage supérieur.

On peut dire que toutes les variétés de poirier se prêtent à cette forme, belle et avantageuse.

Elle est applicable contre un mur ou en plein air, à basse tige, demi-tige ou haute tige.

On peut établir des rideaux de poirier avec des palmettes plus ou moins régulières plantées sur une même ligne. Le résultat est plus vite obtenu en distançant moins les sujets et en croisant les branches de l'un avec celles de l'autre.

Poirier en candélabre

Ayant reconnu que la palmette laissait souvent amaigrir les membres des étages inférieurs, et qu'elle se rencontrait d'une façon désagréable avec ses voisines, on a imaginé de relever les branches verticalement, ce qui constitue une *palmette candélabre* ; en même temps on a inventé le candélabre.

Les membres du candélabre prennent à leur sortie de la tige mère une direction courbée pour remonter ensuite parallèlement avec cette tige centrale.

On a de grands candélabres, à large envergure, et de petits candélabres, composés de trois, quatre ou cinq branches ; ceux-ci sont destinés aux terrains peu généreux, aux variétés délicates.

Le candélabre réussit en plein air et en espalier.

Poirier en éventail

On a tort de négliger cette ancienne forme; **car** elle n'exige pas autant de soins minutieux que d'autres plus symétriques, et elle favorise la fruclification.

Par la taille, on fait bifurquer chaque branche, et on les palisse en les inclinant, de manière que l'ensemble du branchage représente un éventail, une patte d'oie ou une queue de paon.

Toutes les variétés s'y soumettront. L'éventail est précieux pour les sortes à bois arqué, infléchi, grêle ou sujet à se tacher, à se détériorer, parce qu'on remplace facilement un membre sans qu'il en résulte de lacune dans sa construction.

On l'applique en espalier ou en plein air, sur haute tige, demi-tige ou basse tige.

Poirier en vase

Voici encore une forme abandonnée bien à tort, attendu qu'on n'a pas ici l'ennui de voir la base du branchage se dégarnir comme dans la pyramide, et les brindilles se transformer en gourmands, comme sur la branche horizontale de la palmette.

En outre, le vase résiste aux bourrasques et facilite la pose d'un abri contre les intempéries.

Peut-être conviendrait-il mieux dans les pays chauds, dans les endroits battus des vents; et le sujet cognassier y serait-il mieux approprié.

Au moyen de bifurcations obtenues par la taille, on donne au vase l'ouverture que l'on désire.

On peut en varier la tournure en vase gobelet. cylindrique, entonnoir, vase Médicis, vase candélabre, etc.

Le *vase spirale* est applicable aux arbres dont les rameaux tourmentés se prêtent à la direction courbe des spires.

Poirier en cordon

Le cordon est la forme réduite à sa plus simple expression : une seule tige garnie de brindilles fruitières.

Le poirier, qui est un grand arbre, ne consent à rester nain que par le fait d'une plantation rapprochée, dans un sol ordinaire, avec des sujets plutôt greffés sur cognassier, et en variétés très-productives, à végétation retenue, régulière.

L'avantage du cordon est de simplifier la charpente et de réunir une collection de variétés dans un espace restreint.

On l'applique en plein air ou contre un mur. Suivant la direction de la tige, il est dit vertical, oblique, sinueux ou horizontal.

Le *cordon vertical* exige des variétés qui se ramifient naturellement, sans se dégarnir à la base.

Le *cordon oblique* est applicable aux surfaces peu élevées.

Le *cordon sinueux* ayant la tige contournée en serpenteau convient aux variétés à bois divariqué ou sujettes à se dénuder.

Moins employé, le *cordon horizontal,* ou pour être plus exact le cordon parallèle au sol, veut des arbres sur cognassier d'une grande fécondité.

En plein air, un groupe de sujets en cordon forme un rideau. Dans les pays chauds ou battus des vents, on établit deux rideaux rapprochés l'un de l'autre, et dont l'axe longitudinal est dirigé vers le soleil ou vers le vent.

Plantation du Poirier.

Les bons sujets à planter sont jeunes, forts, trapus, sains et bien enracinés. Les pépinières en mauvaise terre en donnent rarement de semblables.

Défoncer le sol par tranchées, ou bien ouvrir de larges trous assez de temps à l'avance.

Planter le poirier pendant le repos de la végétation. Choisir un beau temps, sans hâle, ni pluie, ni glace. La gelée fatigue les racines hors de terre. La boue empoisonne la terre autour des racines. Sur une écorce givrée ou glacée, le contact de la main peut amener une plaie.

Recouper à la serpette les racines mutilées; couper court les racines fatiguées par un long trajet ou toute autre cause.

Praliner les racines dans une eau de mare ou d'engrais, dans une bouillie de terre grasse et bouse de vache, lorsqu'on opère tardivement ou par un temps sec, ou dans un terrain sec, ou quand les racines sont fatiguées.

Entourer les racines de bonne terre légère, moelleuse, amendée avec de la terre prise à la superficie du jardin potager ou fleuriste, râclée sous les arbres, mélangée de feuilles décomposées, etc.

Élever le collet de l'arbre au-dessus de la surface du champ, de façon que par l'effet du tassement il ne soit pas au-dessous du niveau du sol. Le bourrelet d'un poirier sur cognassier doit arriver ras de terre.

Dans un terrain humide, il vaut mieux planter sur butte que par trou et drainer autour de l'arbre.

Quand on plante un sujet pour une forme aplatie, on le tourne dans le trou de façon que les bourgeons de charpente soient placés dans la direction réservée au branchage.

Pailler et arroser aussitôt; sinon presser légèrement le sol avec le pied, surtout au printemps, par la sécheresse.

Le tan est un excellent paillis et un précieux engrais; on l'étend sur les plates-bandes où se trouvent les poiriers, ou sur le sol, autour du tronc des sujets isolés, soit en plein vent, soit en espalier. En terrain sec ou argileux, avec la tannée, les arbres souffrants reprennent une vigueur nouvelle, et ceux qui ne produisaient guère deviennent féconds.

Tailler modérément le branchage d'un sujet nouvellement planté. Écimer seulement les rameaux trop forts ou trop longs. L'année suivante, on les taille au-dessous de cet écimage.

Retrancher, lors de la plantation, les branches et rameaux inutiles à la construction de la forme.

Tailler plus court les sujets qui sont moins fournis de bonnes racines.

Tailler plus long les poiriers greffés sur franc. — Il y aurait moins d'inconvénient à tailler définitivement un poirier greffé sur cognassier.

Badigeonner avec un mélange de boue et de chaux la tige et le corps des branches des sujets fatigués, ou plantés tardivement, ou exposés à l'action du soleil.

Eviter toute mutilation : incision, cran, rognage d'été; etc., sur l'arbre pendant la première année qui suit sa plantation.

Auprès des arbres fruitiers, les labours doivent être superficiels et pratiqués avec des outils à dents; les outils à lame couperaient les racines. Plus un sol est léger, moins il faut l'ouvrir, ni souvent, ni profondément ; mieux vaudrait ne pas y toucher, en se bornant à étendre une litière de tan.

Bassiner le branchage toutes les fois que ce sera possible.

Lorsqu'on plante plusieurs sujets de la même variété, il vaut mieux les rapprocher que les séparer.

Nous recommandons l'étiquetage de chaque arbre au moyen d'une étiquette solide et durable, comme par exemple celles en terre cuite portant en creux le nom du fruit et le temps de sa maturité.

Taille du Poirier

Parlons d'abord de la taille d'hiver.

Tailler le poirier pendant le repos de la séve, sauf pendant la gelée, et surtout le givre et le verglas.

Tailler au déclin de la séve les arbres ou les branches que l'on veut fortifier.

Tailler à la montée de la séve les arbres ou les branches que l'on veut affaiblir.

On peut donc appliquer la taille en deux fois sur le même arbre ; à l'automne sur les branches à bois, au printemps sur les branches à fruit.

On taille le rameau immédiatement contre l'œil de prolongement. Cet œil est choisi en-dessus pour une branche faible ou destinée à s'élever, en-dessous pour une branche inclinée ou trop forte, de côté pour une branche dirigée obliquement. Si le bourgeon est éperonné, on coupe l'éperon. Pour les rameaux des espaliers, on taille sur un œil de face. On tâche de tailler sur un œil qui redresse la déviation produite par la taille de l'année précédente.

La taille longue est celle qui laisse plus de bois à la branche; la taille courte est celle qui lui en supprime davantage.

On peut alterner sur le même arbre la taille longue avec la taille courte, d'une année à l'autre.

Une branche est taillée d'autant plus longue qu'elle occupe une position inclinée, ou à la base de l'arbre.

Tailler long le poirier greffé sur franc, ou destiné aux grandes formes; tailler court le poirier greffé sur cognassier ou destiné aux petites formes.

Tailler long dans une situation froide; tailler court dans une situation chaude.

Tailler long un sujet peu fertile; tailler court un sujet trop fertile.

Tailler long une variété qui se ramifie naturellement; tailler court une variété qui se ramifie difficilement. Mais si cette variété est peu productive, il faut tailler long et employer l'éborgnage et le cran.

L'*éborgnage* consiste à enlever d'un coup d'ongle, ou à épointer avec la serpette, les yeux qui avoisinent l'œil terminal, et ceux qui par leur position ou leur nature sont appelés à devenir rameaux gourmands; un ou deux sous-yeux se développent plus tard au talon de l'œil éborgné; on en conserve un seul.

Le *cran* se fait à la serpette ou d'un trait de scie; on enlève une portion d'écorce large de 1, 2 ou 3 millimètres, en forme de fer à cheval, au-dessus d'un œil éteint ou à la naissance d'une branche faible.

Nous arrivons maintenant aux opérations de printemps et d'été, quand la séve travaille.

L'*incision longitudinale* a pour but de faire grossir une branche maigre ; on lui donne un simple coup de couteau en long, tranchant l'écorce à sa façade exposée au soleil.

L'*ébourgeonnement* est l'enlèvement avec les doigts ou la serpette des jeunes bourgeons feuillus, superflus, qui naissent aux amputations sur vieux bois, autour d'une greffe, ou trop nombreux sur les branches à fruit.

Le *pincement* est un rognage avec les ongles du jeune rameau herbacé à la hauteur de sa troisième ou quatrième feuille bien constituée. En pinçant trop court, trop rigoureusement, ou trop de rameaux à la fois, on fatigue le sujet inutilement, sans l'amener à fruit. Il vaut mieux pincer long et successivement.

Il est nécessaire de pincer les rameaux qui naissent sur une branche charpentière et qui sont destinés à fructifier. On varie l'époque et le mode de pincement ; on ne touche pas aux rameaux courts, dont la position n'est pas un danger pour le rameau de charpente.

Le véritable pincement consisterait à serrer avec une pince, ou à froisser entre les doigts le jeune rameau-brindille plus disposé à bois qu'à fruit.

Les rameaux de charpente sont pincés long, quand ils s'allongent aux dépens de leurs collatéraux.

Si on craint de les faire ramifier par le pincement,

on coupe la majeure partie de leurs feuilles sur leur pétiole.

Le *cassement* est un rognage quand les tissus du rameau deviennent ligneux et ne peuvent plus être coupés avec les doigts. On casse totalement ou partiellement, en été ou en hiver, les rameaux consacrés à la fructification.

La *taille en vert* est une sorte de cassement pratiqué sur les brindilles gourmandes que l'on rase net, et sur les vieilles lambourdes fatiguées de produire que l'on coupe çà et là, d'une année à l'autre.

Ces rognages obligent les yeux restants à tourner à fruit. Les boutons ainsi obtenus, munis d'un support en bois lisse, ont plus de durée qu'avec un support bourrelé, court.

Le cassement combiné avec le pincement d'une façon modérée, sur le même individu, est un excellent moyen d'amener à fruit le poirier soumis à la taille. Mais il faut se garder de rogner tard les variétés qui portent fruit au sommet des brindilles.

Pour entretenir la fructification sans nuire à la santé de l'arbre, on conserve sur chaque branche, quelques brindilles dites appelles-séve, qui seront à leur tour, l'année suivante, soumises au rognage.

Le *dressage*, c'est le palissage des membres de charpente auprès d'un guide, une baguette ou un treillage, soit au moment de la taille, soit avant l'arrêt de la séve. On palisse encore les brindilles longues conservées sur les poiriers en espalier, en vue de hâter la mise à fruit du sujet.

Un branchage touffu ne réclame guère en fait de dressage que des arcs-boutants, des liens, des baguettes conductrices aux rameaux indociles.

Un branchage aplati exige un système de treillage, soit en fer galvanisé, soit en bois sulfaté (du bois blanc, tout préparé, plongé pendant huit jours dans un bain de sulfate de cuivre, à raison de 2 kil. de sulfate pour 100 litres d'eau).

Mise à fruit du Poirier

Le pincement sagement combiné avec le cassement des brindilles, c'est, répétons-nous, un bon moyen d'amener la fructification du poirier soumis à la taille des branches à bois. Mais on rencontre des sujets rebelles. On les dompte par les procédés suivants :

L'absence de taille, alternée avec une taille bisannuelle ou trisannuelle;

La *taille longue* réitérée, ou alternée avec la taille courte, si la charpente le réclame;

L'*arqûre des rameaux* fougueux en végétation; on les courbe vers la terre, pour les attacher sur une branche placée au-dessous d'eux;

Un arbre peut être arqué complétement, à la condition de laisser de l'air entre les branches recourbées et de tailler une partie des autres. Une fois les boutons à fruit formés, on retranche le sommet de la branche arquée;

2.

La *déplantation* du sujet et sa replantation immédiate. S'il est impossible de le déplanter, on dégage la terre du collet, à l'automne, et on recouvre au printemps ; ou encore on mutile quelques grosses racines ;

L'*incision annulaire* est un petit anneau d'écorce enlevée sur une branche inutile à la charpente ; l'élongation de cette branche s'arrête, ses yeux tournent à fruit ; mais la branche est sacrifiée. Il est moins nécessaire d'opérer sur le poirier greffé sur cognassier, le bourrelet de la greffe tenant lieu d'incision ;

La *greffe des boutons à fruit*. En août-septembre, on choisit des boutons à fruit sur les arbres qui en sont trop chargés, ou qui doivent être supprimés ; on taille leur support en biseau, comme pour la greffe en couronne, et on les inocule par le procédé de la greffe en écusson, sur les arbres vigoureux, dépourvus de fruits. Non-seulement ces lambourdes donnent de belles poires, mais elles fatiguent l'arbre de manière à le mettre lui-même à fruit.

On entretient la force des vieilles lambourdes, originales ou greffées, par une taille en sec ou en vert, partielle ou successive, qui vient exciter leur végétation.

Production de belles Poires

Supprimer des boutons à fleurs aux branches faibles, aux arbres souffrants ou trop chargés, aux bourgeons de charpente.

Pincer la fleur du poirier; on enlève avec les ongles ou des ciseaux le groupe de fleurs qui occupe le centre du bouquet.

Retrancher les fruits petits, difformes, trop agglomérés dans le même trochet ou sur la même branche, principalement chez les variétés d'un gros volume.

Mouiller feuilles et fruits, le soir des journées chaudes.

Effeuiller graduellement autour du fruit plusieurs semaines avant la récolte, en évitant de l'exposer brusquement au soleil.

Incision annulaire pendant la floraison, sur une branche inutile à la charpente.

Boutons à fruit greffés sur une branche vigoureuse.

La *greffe en approche* d'un rameau sur la bourse, le *lavage* de l'épiderme au sulfate de fer, la *castration* du fruit, son maintien dans une *position horizontale* ou redressée, réussissent parfois pour accroître la grosseur du fruit.

Ce sont des fantaisies de curieux comme : 1° le frottage avec un chiffon de laine, d'huile d'olive sur la peau, quand le coloris se développe; 2° le dessin sur le fruit avec des papiers découpés et collés sur la peau, — le soleil et l'air font le reste; 3° la mise en carafe d'une poire à son premier âge, tout en la laissant attachée à l'arbre jusqu'au moment de sa récolte.

Récolte des Poires

Récolter par un beau temps, dès que le fruit a atteint son volume.

Cueillir plus tôt dans une situation chaude ou battue des vents, ou après un été sec. Cueillir plus tard dans une situation fraîche, abritée, ou à la suite d'une saison pluvieuse.

Cueillir plus tôt sur un arbre vieux ou souffrant, ou exposé au midi. Cueillir plus tard sur un arbre jeune, vigoureux, moins visité par le soleil.

Récolter successivement, à plusieurs fois, en commençant par le sommet de l'arbre, par les fruits plus colorés ou véreux, ou paraissant moins adhérer à la branche.

Entre-cueillir les poires d'été, c'est-à-dire les cueillir avant leur complète maturité, dès la chute des premiers fruits mûrs.

Cueillir pendant plusieurs semaines les poires d'automne en effeuillant chaque fois celles qu'on laisse à l'arbre et en soutenant les plus belles.

Récolter tardivement les poires d'hiver, toutefois avant les gelées blanches. On essaye à la main celles qui veulent se détacher, et on les cueille.

Placer les poires d'été et d'automne dans une chambre aérée, éclairée, non chauffée ; elles y achèveront leur maturation.

Rentrer les poires de fin d'automne et d'hiver

dans une fruiterie sombre, exempte d'humidité, de gelée, ayant une température uniforme. On ne les rentre qu'après leur avoir, pendant quinze jours, laissé *jeter leur feu*, dans la fruiterie provisoire des poires d'été, ou dans toute autre pièce analogue : grenier, hangar, cabinet de jardin, etc.

Ranger ces fruits sur des tablettes saines, ou dans des caisses en bois blanc, plates, que l'on empile tout simplement ou comme des tiroirs, à la cave, dans une vinée, un cellier, ou au fruitier.

Manier les fruits avec précaution, et ne les déguster qu'à leur maturité complète. La maturité d'une poire s'annonce généralement par un changement de coloris, un parfum non ordinaire, et une souplesse de la chair ; alors elle fléchit sous une faible pression du pouce, auprès de la queue.

Maladies, animaux et insectes nuisibles au Poirier

La *jaunisse* demande un renouvellement du sol et un apport de terres sablonneuses ou argileuses, suivant l'élément qui fait défaut. L'arrosage aux racines et le lavage des feuilles avec une dissolution de sulfate de fer produisent des effets momentanés.

La *brûle* a souvent la même cause que la jaunisse. En replantant le sujet et en modifiant le sol, on applique une taille aux racines et aux branches. On amende le sol avec de la bonne terre, de la suie, des cendres, plâtras, cornes, poussières, sulfate de fer, fleur de soufre, etc., mélangés autour des racines avec la terre ordinaire.

Le *chancre* sera cerné et râclé au vif, puis recouvert d'un onguent. Quand le chancre menace l'existence de l'arbre, on plante, s'il est possible, un jeune sujet à côté, et plus tard on le greffe par approche au-dessus de la plaie; il en résulte une transfusion de séve en faveur de l'invalide.

Les *cryptogames* qui maculent les feuilles et les fruits ne résistent guère à l'action de la fleur de soufre projetée à temps sur les parties attaquées.

Les *animaux rongeurs*, tels que rat, loir, mulot, lérot, seront pris au moyen de piéges, ou empoisonnés avec de la pâte phosphorée, tartinée sur des croûtes de pain placées sur leur passage.

Les *insectes nocturnes* sont nombreux. On pourrait en détruire au moyen de torches fixes, allumées la nuit dans le voisinage des arbres fruitiers; les insectes ailés viendraient s'y brûler.

Des cartons poisseux ou des filets légers, gluants, dans le genre des toiles d'araignées, en prendraient certainement beaucoup.

Écheniller, hannetonner minutieusement.

. Jeter au feu les poires véreuses.

On peut détruire le ver dans sa galerie en y introduisant, à la façon d'une vis, le sommet d'une plume d'oie ébarbée : le fruit continue à grossir sur l'arbre.

Brûler les poires à l'âge adulte, déjà renflées ou

calebassiformes, pleines de larves de la *cécydomie des poirettes*.

Détruire les extrémités fanées des rameaux par suite de piqûres du *cephus compressus* ou pique-bourgeon et du *rhynchite conique*, appelé coupe-bourgeon.

Brûler, en avril-mai, les boutons à fruit inertes, renfermant la larve de l'*anthonome des poires* ou de l'*apion du poirier*.

Asphyxier les larves qui pénètrent dans la tige par la fleur de soufre brûlée à l'orifice de la galerie.

Écraser la larve-limace (*allante*) qui s'attache au feuillage du poirier.

Râcler et laver avec une brosse rude l'écorce atteinte du *kermès*, plus commun au nord des bâtiments. On se sert d'eau de lessive ou de plantes fortes.

Détruire le *tigre*, qui ronge le parenchyme des feuilles, avec des fumigations de tabac, ou lavages au savon noir (1 kil. de savon pour 20 litres d'eau).

Chasser les *fourmis* à l'aide de bracelets hérissés de verre pilé, de crin ou laiton, placés autour de la tige. Placer dans les fourmilières un poisson mort, une écrevisse en putréfaction ou un pied écorché d'une bête de boucherie ; le lendemain, on retire l'appât couvert de fourmis, et on le plonge dans l'eau bouillante.

Noyer les *guêpes* au moyen de fioles à col étroit, contenant de l'eau miellée, et accrochées dans le branchage.

Enlever les *lichens* et vieilles écorces des tiges qui

servent de refuge aux ennemis du poirier et nuisent à ses fonctions vitales.

Tenir en bon état le crépi des murs, les abris, treillages et autres accessoires.

En somme, les bons soins de culture et de propreté entretiennent la vie de l'arbre, favorisent sa santé, en évitant une foule de désagréments produits par les insectes et les maladies ; car les remèdes préventifs sont beaucoup plus efficaces que les systèmes de destruction.

Restauration du Poirier

Quand il s'agit de renouveler une branche qui dépérit, on se contente de pratiquer un cran au-dessus d'un œil latent, ou d'écussonner un bourgeon à l'endroit du vide, ou encore d'y amener un rameau voisin que l'on soude par la greffe en approche.

Si la charpente totale de l'arbre se dégrade, on taille court tous les membres de la charpente en laissant plus de longueur à ceux qui doivent s'allonger davantage, et en retranchant net le tiers supérieur de la tête de l'arbre.

On voudrait changer la variété du sujet, que l'on appliquerait sur ces moignons la greffe en fente ou en couronne d'une autre variété de poire. Lorsqu'on peut employer l'écussonnage, c'est à préférer ; un vieil arbre peut être écussonné sur les jeunes scions résultant du rapprochement des grosses branches. Plus un arbre est fort, plus il faut multiplier le nombre de greffes et opérer sur une plus grande quantité de branches.

Lorsqu'on opère dans un pays froid, il faut également insérer davantage de greffons sur l'arbre et leur laisser plus d'yeux.

Sur un vieux tronc destiné au greffage en fente, on pratique plusieurs fentes de côté sur l'aire de la coupe, de manière à ménager le cœur du sujet et à insérer un plus grand nombre de greffons.

Il faut toujours nettoyer la tige, râcler les mousses et vieilles écorces, et renouveler les terres usées par un apport de bonnes terres neuves autour des racines.

Quand l'arbre est trop vieux ou caduc, on l'extrait du sol, on change la terre qui a servi à le nourrir, et on en replante un autre dans de bonnes conditions.

OBSERVATIONS

Nous adoptons le mot *bourgeon* pour désigner l'œil ou bouton d'un rameau.

Le bourgeon qui se développe devient rameau herbacé, puis ligneux ; l'année suivante, c'est une branche.

Sous la dénomination générale de *brindille*, nous comprenons la branche à fruit, soit longue, courte, maigre, trapue, simple ou ramifiée, au lieu de dire dard, lambourde, courson, brindille, ramille, etc., ce qui simplifie la nomenclature.

La branche donne le bois et continue la charpente de l'arbre. La brindille est portée par la branche et doit à son tour porter le fruit.

En indiquant les formes de l'arbre applicables à chaque variété de poirier, nous citons d'abord celles qui lui conviennent mieux.

BONNES POIRES A COUTEAU

CLASSÉES A PEU PRÈS DANS L'ORDRE DE LEUR MATURITÉ

JUILLET

Doyenné de juillet. — Fruit petit, presque rond, œil et queue placés à fleur du fruit; jaune cire, coloré de carmin vermillon; chair assez fine, presque fondante, succulente, agréable.

Cette poire est généralement bonne; elle devient très-bonne si elle est cueillie quand l'épiderme perd sa teinte verte, alors elle passe moins vite.

Arbre d'une vigueur ordinaire, à bois menu, s'amaigrissant vite sur cognassier; très-fertile.

Quand la fructification commence, tailler court sur des yeux vifs, tout en allongeant davantage et en redressant les rameaux fins ou placés à la base.

Tailler les haute tige tous les deux ou trois ans. Éviter les pincements exagérés.

Haute tige, candélabre, fuseau, cordon; en plein air ou en espalier.

Citron des Carmes. — Fruit petit ou moyen, oviforme-plat ; vert pomme passant au jaune citron ; chair demi-fine, assez fondante, légèrement relevée.

La maturité du fruit se succède, s'il est cueilli au moment où l'épiderme s'éclaircit.

Arbre bien vigoureux sur franc et sur cognassier, très-fertile.

Tailler plus court les branches du sommet ; les pincer en été si l'on tient à les faire ramifier et à mettre un frein à leur allongement. Appliquer le cassement aux brindilles fruitières.

Haute tige, palmette, pyramide ; en plein air.

Le *Citron des Carmes panaché* en est une assez bonne sous-variété.

JUILLET-AOUT

Épargne. — Fruit moyen, parfois assez gros, allongé, en diminuant aux extrémités ; vert jaunâtre lavé de carmin vif, çà et là moucheté de roux ; pédoncule long, arqué, non enfoncé ; chair presque fine, fondante, relevée d'un acidulé qui disparait quand la poire mollit.

Cueillir successivement avant que l'épiderme ne s'éclaircisse complétement.

Arbre très-vigoureux dans sa jeunesse, à port divariqué, convenable sur franc ou sur cognassier ; très-fertile.

Tailler assez long en choisissant un bon œil de prolongement ; conserver intactes les brindilles, généralement terminées par un bouton à fruit. Surveiller le palissage.

Haute tige, éventail ; en plein air ou en espalier au soleil.

Beurré Giffard. — Fruit moyen, parfois assez gros, pyriforme turbiné ; jaune blond flagellé rose, ou simplement picoté carmin et vert ; chair fine, fondante, moelleuse ; eau douce, parfumée.

Il faut cueillir ce fruit quand les premiers en maturité commencent à quitter l'arbre.

Arbre de vigueur modérée, portant d'assez long bois, mais un peu maigre, s'épuisant sur cognassier ; fertile.

Taille moyenne, répétée sur les haute tige. Asseoir convenablement la charpente en évitant l'affaiblissement des membres de la base.

Haute tige, candélabre, cordon ; en plein air ou en espalier aux expositions tempérées.

Monseigneur des Hons. — Fruit moyen, oblong tronqué ; jaune herbacé, marbré gris noisette, parfois teinté carmin ; chair presque fine et fondante, douce, relevée, d'un arôme agréable.

Une récolte successive convient à ce fruit, qui mûrit pendant trois semaines.

Arbre très-vigoureux, sur franc et sur cognassier ; fertile.

Tailler long, en éborgnant les yeux voisins du terminal, et en ouvrant des crans sur ceux de la base. Pincer les scions du sommet qui s'emportent trop.

Haute tige, palmette, candélabre, pyramide, **vase**; en plein air ou en espalier.

Tyson. — Fruit moyen ou petit, pyriforme; vert passant au jaune frappé rouge; chair mi-fine, demi-fondante, aromatisée de la saveur du Rousselet.

La maturité du fruit s'annonce par un changement de couleur sur l'épiderme; c'est l'instant de le déguster; plus tard, il mollit au cœur.

Arbre vigoureux, paraissant délicat sur cognassier dans un sol maigre; fertile.

Pincement des yeux supérieurs sur les membres de charpente; conserver des brindilles non taillées pour aider à la production.

Haute tige, pyramide, palmette, candélabre, cordon; en plein air ou en espalier.

AOUT-SEPTEMBRE

Bergamotte d'été. — Fruit moyen, court; vert gai tirant sur le jaune clair, souvent teinté aurore; chair fine, fondante, neigeuse, agréablement parfumée.

Quand les premiers fruits mûrs commencent à tomber, on procède à la récolte.

Arbre assez vigoureux, sur franc et sur cognassier, très-fertile.

Tailler court; éborgner et pincer les bourgeons éperonnés ou voisins du terminal.

Fuseau, petit candélabre, haute tige, vase, cordon; en plein air ou en espalier aux expositions tempérées.

Boutoc. — Fruit moyen, raccourci; vert grisâtre, devant jaune citron; chair assez fine et fondante, musquée, excellente.

Cueillir cette variété quand l'épiderme commence à jaunir, parce qu'il a souvent le défaut d'accomplir sa maturation sur l'arbre, sans l'annoncer par une chute préalable.

Arbre très-vigoureux, sur franc et sur cognassier; très-fertile.

Taille moyenne avec éborgnage et cran; pincer modérément, couper les brindilles fluettes.

Haute tige, candélabre, vase; en plein air.

Madame Treyve. — Fruit gros, souvent moins gros, parfois très-gros; turbiné obtus ou elliptique; vert gai passant au safran teinté lilas; chair presque fine, fondante, bien juteuse, sucrée, avec une saveur d'amande.

Ce beau et bon fruit se garde quelque temps en maturité sur l'arbre ou au fruitier, peut-être à cause de son épiderme gras, épais.

Arbre d'une belle vigueur, sur franc et sur cognassier ; très-fertile.

Forcer l'émission des membres latéraux par la taille courte de la flèche et son pincement au besoin.

Pyramide-fuseau, palmette-candélabre, vase, cordon, tige peu élevée ; en plein air ou en espalier aux bonnes expositions.

Beurré Oudinot. — Fruit moyen, quelquefois assez gros, pyriforme-turbiné ; peau grasse, vert d'eau piqueté carmin sombre ; chair fine, fondante, juteuse, relevée d'un acidulé agréable.

Cueillir le fruit quand le temps de la maturité est arrivé, et le surveiller au fruitier, car il passerait sans l'annoncer par un changement de coloris.

Arbre vigoureux, sur franc et sur cognassier ; fertile.

Taille plus sévère des membres du sommet ; éviter les pincements tardifs qui supprimeraient les yeux à fruit placés à l'extrémité des brindilles.

Haute tige, pyramide, candélabre, spirale ; en plein air ou en espalier.

Beurré d'Amanlis. — Fruit gros, susceptible de venir très-gros ou de rester assez gros, turbiné ; vert feuille piqueté de gris ou jaune blanc teinté rose ; chair demi-fine, demi-fondante, un peu âpre sous la peau, juteuse, aromatisée.

Effeuiller le fruit, graduellement, quinze jours avant sa maturité, afin de l'obtenir meilleur.

Arbre très-vigoureux, à branches tourmentées, robuste sur franc et sur cognassier ; très-fertile.

Tailler long, sur un œil qui redresse la branche divariquée, employer l'arqûre des rameaux fougueux au sommet du branchage ; diminuer dans les haute-tiges le nombre et la longueur des rameaux effilés, fatigués de production.

Haute tige, palmette-candélabre, éventail, spirale ; en plein air ou en espalier.

Le *Beurré d'Amanlis panaché* est une bonne sous-variété.

Monsallard. — Fruit assez gros ou moyen, oblong, tronqué ; peau grasse, jaune blond parfois éclairé d'incarnat ; chair fine, neigeuse, assez fondante, relevée.

Ce fruit supporte bien le transport.

Arbre vigoureux, trapu, sur franc et sur cognassier ; fertile.

Taille assez longue ou absence de taille sur les rameaux courts ; crans à la base des membres ; pincement moins sévère à l'arrière-saison.

Haute tige, fuseau, palmette, candélabre, vase, cordon ; en plein air ou en espalier.

William, — Fruit gros, souvent très-gros, oblong, bossué ; beau jaune citron finement pointillé, parfois jaspé de vermillon rosé ; chair très-fine, fondante, laissant au palais une saveur musquée.

Dans le courant d'août, on soutient les fruits à

leurs branches par un fil en lacet courant. Vers la fin du même mois, on commence à cueillir ceux qui tiennent peu à l'arbre ; ils achèveront de mûrir au fruitier ou dans une chambre ni froide ni humide.

Arbre vigoureux, s'affaiblissant sur cognassier, redoutant les sols brûlants et les expositions chaudes ; très-fertile.

La haute tige demande l'abri du vent et une taille annuelle, car le bois de deux ou trois ans fait tourner ses yeux à fruit, perd son maintien et casse.

Tailler court ; pincer à la première saison seulement. Utiliser les boutons à fruit surabondants en les greffant sur des arbres d'autre sorte, plus vigoureux et moins féconds.

Pyramide-fuseau, candélabre, cordon, tige peu élevée ; en plein air ou en espalier aux expositions tempérées.

Beurré de Mérode. — Fruit gros, parfois très-gros, ovale arrondi, tronqué ; vert d'eau ou jaune fin pointillé, insolation rare, carminée ; chair demi-fine, tendre, neigeuse, relevée d'un arôme franc.

Effeuiller le fruit quand il paraît avoir acquis son volume. Il serait moins bon au nord d'un mur.

Arbre vigoureux, faible sur cognassier ; fertile.

Tailler sur des yeux placés dans le sens de la charpente ; conserver les brindilles courtes, rompre les autres.

Candélabre, pyramide, vase, tige peu élevée ; en plein air ou en espalier aux bonnes expositions.

SEPTEMBRE

Rousselet de Reims. — Fruit petit, vert piqueté, frappé de pourpre ; chair demi-fine, mi-croquante, juteuse, enrichie de cet arôme musqué, unique, sensible encore quand la poire est blette.

Déguster ce fruit avant que l'épiderme soit passé au jaune.

Arbre vigoureux, assez fertile. On le préférera sur cognassier pour les formes à basse tige.

Entretenir la santé du branchage au moyen de nettoyages, tailles, éclaircies, qui empêchent les branches de se dénuder à la base et de se tenir diffuses au sommet.

Haute tige, éventail ; en plein air ou en espalier.

Bon-chrétien de Bruxelles. — Fruit assez gros et moyen, cydoniforme ; vert feuille, fouetté rouge sang, fortement pointillé olive et brun ; chair mi-fine, mi-fondante, juteuse, aromatisée, agréable.

La maturité s'annonce par un coloris plus chaud et passe lentement ; mais, vers sa dernière phase, la poire peut mollir au cœur.

Arbre très-vigoureux, sur franc et sur cognassier ; lent à devenir fertile s'il est greffé sur franc et soumis à la taille.

Taille longue, en évitant les parties dénudées ; palissage suivi ; rognage modéré des brindilles.

Haute tige, éventail en plein air ou en espalier.

Beurré de Nantes. — Fruit moyen et assez gros, ovale allongé ; peau fine, blanc verdâtre ; chair fine, fondante, sucrée.

Ciseler les bouquets compacts ; entre-cueillir.

Arbre de vigueur modérée sur franc, faible sur cognassier, d'un port pyramidal ; fertile.

Eclaircir à la taille les branches trop rapprochées ; rompre les brindilles effilées.

Pyramide-fuseau, palmette-candélabre, cordon ; en plein air.

Beurré Hardy. — Fruit assez gros, ovale allongé, tronqué, plus large vers l'œil ; roux isabelle nuancé aurore et chocolat ; chair fine, fondante, aromatisée.

En balançant légèrement les fruits avec la main, on reconnaît ceux dont la maturité approche ; alors on les cueille et on les rentre.

Arbre très-vigoureux, plus fertile lorsqu'il est greffé sur cognassier ou soumis à une grande forme sur franc.

Tailler long pour forcer la production, avec crans sur les yeux moins bien placés ; mais tailler court et pincer la flèche pour fortifier la base de la charpente.

Haute tige, pyramide-fuseau, palmette-candélabre ; en plein air.

Seigneur. — Fruit moyen, arrondi; vert clair passant au jaune maculé gris; chair fine, fondante, pleine d'une eau sucrée.

Eclaircir les bouquets de fruits compacts; entre-cueillir lors de la maturation.

Arbre d'une vigueur ordinaire, demandant une bonne terre lorsqu'il est greffé sur cognassier; très-fertile.

Taille moyenne, avec l'éborgnage des yeux qui avoisinent le bourgeon terminal; raccourcir les brindilles qui ont produit plusieurs fois.

Pyramide, palmette, candélabre, cordon, haute tige; en plein air mieux qu'en espalier.

Fondante des bois. — Fruit gros, souvent très-gros, non bossué, ovalaire; vert d'eau passant au jaune paille, fouetté de rouge, richement coloré sous l'influence directe du soleil; chair fine, fondante, relevée d'une saveur agréable.

Etant susceptible de tomber, ce fruit demande à être retenu artificiellement à l'arbre, ou cueilli successivement.

Arbre vigoureux, plus fertile sur cognassier, ou sous une grande forme, étant greffé sur franc.

Taille longue avec éborgnage et cran; cassement des brindilles, en sec et en vert.

Pyramide, palmette, candélabre, vase, haute-tige abritée des vents; en plein air ou en espalier.

Beurré superfin. — Fruit assez gros, ové, formant un bourrelet au pédoncule ; épiderme clair et lisse, vert ou jaunâtre moucheté roux, parfois teinté rose vermillonné ; chair presque fine, fondante, juteuse, délicieusement acidulée.

Récolte successive. Ce fruit jaunit en mûrissant et ne doit être dégusté que lorsqu'il cède à la pression du pouce.

Arbre bien vigoureux, plus fertile quand il est greffé sur cognassier, ou s'il est soumis aux grandes formes étant greffé sur franc.

Tailler long ; fortifier les membres de la base et faire des incisions longitudinales. Conservation des brindilles trapues ou épineuses, en évitant de les mutiler à l'arrière-saison.

Pyramide, palmette, candélabre, vase, haute tige ; en plein air ou en espalier.

Jalousie de Fontenay. -- Fruit assez gros, pyriforme obtus ; verdâtre recouvert de gris ocre, teinté rouge terreux ; chair presque fine et fondante, juteuse, avec un arome franc, musqué, agréable.

Récolter successivement dès la chute des premiers fruits ; déguster quand la poire fléchit sous l'inquisition du pouce.

Arbre vigoureux, se fatiguant sur cognassier ; fertile.

Taille moyenne, après avoir constitué la charpente de la base. Réserver quelques brindilles longues que l'on raccourcit après fructification.

Haute tige abritée des vents, pyramide, palmette, candélabre, vase; en plein air ou en espalier.

SEPTEMBRE-OCTOBRE

Beurré d'Angleterre. — Fruit moyen, pyriforme, ambre clair piqueté gris; chair demi-fine, fondante, saveur d'amande.

Son défaut étant de mûrir trop rapidement, sans changer sensiblement de couleur, on entre-cueille le fruit et on le surveille au fruitier.

Arbre vigoureux, d'un beau port pyramidal; très-fertile.

Tailler long, éborgner les bourgeons voisins du terminal.

Haute tige, pyramide-fuseau, palmette, candélabre; en plein air, en espalier dans les pays froids.

Seckel.— Fruit petit, sphéroïdal; épiderme chamois frotté de chocolat et pourpre; chair fine, presque fondante, juteuse, sucrée, avec un arôme pénétrant.

Cette sorte à petits fruits n'exige pas la suppression des poires nombreuses et rapprochées.

Arbre court, à vigueur contenue, faible sur cognassier; fertile.

Taille modérée et souvent absence de taille; il en est de même du rognage des brindilles.

Petit candélabre, haute tige, fuseau, vase; en plein air ou en espalier.

Beurré Benoist. - Fruit moyen, turbiné court; vert jaunâtre, parsemé de points roux; chair fine, presque fondante, sucrée.

Cueillir le fruit quand la teinte verte de la peau commence à s'éclaircir.

Arbre vigoureux, faible sur cognassier; fertile avec l'âge.

Tailler long, ménager les brindilles effilées ou trapues.

Pyramide, fuseau, palmette, candélabre, vase, haute tige; en plein air ou en espalier aux expositions tempérées.

Lahérard.— Fruit moyen, pyriforme, vert terne maculé roux, frappé carmin; chair fine, fondante, juteuse, sucrée, dotée d'un arôme délicat.

Éclaircir les bouquets de fruits trop compacts.

Arbre de vigueur modérée, faible sur cognassier; très-fertile.

Tailler sur des yeux bien constitués; éviter les pincements d'arrière-saison.

Petit candélabre, cordon, pyramide, fuseau; en plein air ou en espalier aux expositions tempérées.

Doyenné blanc. — Fruit moyen, presque rond; paille tirant sur le blanc, parfois tavelé gris noir, marbré carmin vif s'il est frappé du soleil ou si l'arbre souffre ; chair fine, fondante, parfum exquis.

Éviter de laisser mûrir le fruit sur l'arbre.

En plein air, le fruit vient mieux si l'arbre est greffé sur cognassier ou placé dans une excellente situation.

Arbre d'une vigueur modérée sur franc et sur cognassier, plus convenable en espalier au levant; ou au nord-ouest quand l'espalier est couronné d'un chaperon ; fertile.

Bonne terre amendée ; taille et pincement appliqués sur des yeux non latents.

Palmette, éventail, en espalier ; haute tige, pyramide, candélabre en plein air, dans une situation favorable.

Le *Doyenné roux* est une exquise sous-variété du Doyenné blanc ou du Doyenné crotté ; il en a les qualités et les défauts.

Beurré Curtet. — Fruit petit, court, aplati vers l'œil ; vert passant au jaune lavé ponceau ; chair fine, ferme, assez fondante, légèrement musquée.

Dans ce genre de petites poires, il est rare que l'on soit forcé de supprimer les fruits surabondants.

Arbre vigoureux, sur franc et sur cognassier ; devenant fertile.

Taille longue des branches de charpente avec éborgnage et crans ; conservation des brindilles, qui finissent par produire à bouquet.

Haute tige, palmette, candélabre, vase ; en plein air ou en espalier,

Urbaniste. — Fruit moyen ou assez gros, obtus ; vert clair passant au jaune léger ; chair fine, fondante, neigeuse, sucrée.

Éviter de laisser mûrir la poire sur l'arbre ; les fourmis viennent l'y attaquer.

Arbre vigoureux, pyramidal, irrégulièrement docile au cognassier ; manquant de fertilité dans sa jeunesse.

Taille longue ; ménager, lors du cassement, les brindilles terminées par un bouton renflé, brunâtre ou cendré ; c'est un siége de la fructification.

Pyramide large ou ailée, palmette ou candélabre à grande envergure, haute tige ; en plein air.

Passe-Colmar musqué. — Fruit moyen, ovoïde turbiné ; grisaille sur fond herbacé ; chair assez fine et fondante, juteuse, sucrée, musquée.

Effeuiller avant la récolte, et cueillir en deux ou trois fois.

Arbre bien vigoureux, sur franc et sur cognassier, à rameaux élancés ou tourmentés ; fertile.

Taille moyenne en évitant les branches dénudées ; pincement assez long, en ménageant des brindilles dans leur entier.

Candélabre, palmette, fuseau, haute tige ; en plein air ou en espalier.

Hélène Grégoire. — Fruit assez gros, oviforme renflé ; épiderme lisse, vert gai passant au primevère moucheté de roux ; chair très-fine, fondante, juteuse, relevée d'une saveur d'amande, exquise. Environ trois semaines avant la cueillette, on soutient les plus beaux fruits qui ont souvent l'inconvénient de tomber facilement et de se meurtrir.

Arbre de vigueur retenue, surtout sur cognassier, trapu et ramifié; très-fertile.

Taille assez longue, et souvent absence de taille quand le rameau est court et éperonné. Pincement modéré en première saison.

Pyramide-fuseau, candélabre, vase, cordon, tige peu élevée; en plein air ou en espalier aux expositions tempérées.

Bonne Louise d'Avranches. — Fruit assez gros, pyriforme; vert feuille ou citron frappé largement de carmin ponceau luisant, piqueté vert olive; chair fine, fondante, remplie avec une eau d'un goût acidulé franc, corrigé par une saveur sucrée.

Cette variété mûrissant successivement, il n'est pas nécessaire de l'entre-cueillir.

Arbre vigoureux, sur franc et sur cognassier; très-fertile.

Tailler long sur franc, mais avoir soin de tailler court, surtout dans la jeunesse de l'arbre, les branches du sommet, et les pincer au besoin.

Haute tige, pyramide, fuseau, palmette, candélabre, cordon; en plein air ou en espalier.

OCTOBRE

Beurré gris. — Fruit assez gros, ové, quelquefois noueux ou tacheté de noir ; gris doré sur fond verdâtre, couvert de rouge bruni ; chair assez fine, fondante, parfois granuleuse au cœur ; eau sucrée. quoique acidulée, exquise.

Le fruit vient plus beau et plus sain quand l'arbre est ou greffé sur cognassier, ou placé dans une situation favorable (bonne terre, bonne exposition, pas trop brûlante).

Arbre vigoureux, sujet à s'écailler, à chancrer, à prendre la mousse, sur franc et sur cognassier ; fertile.

Tailler court, sur des rameaux bien constitués ; couper les parties fatiguées, nettoyer les écorces tachées ou mousseuses.

Éventail, palmette, en espalier ; haute tige, candélabre, en plein air, dans une bonne position.

Beurré Capiaumont. — Fruit moyen, pyriforme ; coloris isabelle lavé aurore, sur fond verdâtre ; chair mi-fine, ferme, mi-cassante ; eau vineuse, anisée.

Comme la majeure partie des poires à peau grise, celle-ci est bonne en compotes.

Arbre assez vigoureux, s'épuisant sur cognassier

ou dans un terrain aride ; robuste au nord ; très-
fertile.

Tailler sur des yeux bien formés. Ménager les
ramifications courtes, destinées à fructifier.

Haute tige, pyramide, fuseau, candélabre, vase,
cordon ; en plein air ou en espalier.

Beurré Dumont. — Fruit moyen, obtus ; vert
grisâtre, s'éclaircissant en soufre sablé de roux ;
chair presque fine, serrée, assez fondante, juteuse,
relevée d'un aigrelet sucré.

Il se garde quelque temps en état de maturation ;
on le déguste lorsqu'il fléchit à l'appel du pouce,
auprès de la queue.

Arbre modérément vigoureux, faible sur cognassier ; fertile.

Taille assez longue, surtout à la base de l'arbre ;
pincement modéré.

Pyramide, fuseau, candélabre, haute tige ; en plein
air ou en espalier aux expositions tempérées.

Marie-Louise. — Fruit assez gros et moyen,
allongé, boursoufflé ; jaune blème tacheté de vert,
traversé de zigzags fauves, maculé roux doré ; chair
fine, fondante, sucrée, parfumée.

Surveiller le fruit en maturation, afin de ne point
le laisser passer.

Arbre vigoureux, à rameaux divariqués, faible sur
cognassier ; fertile.

Choisir des yeux lors de la taille, qui dressent les

branches dans la direction voulue. Ménager les brindilles terminées par des yeux renflés, disposés à porter fruit.

Haute tige, éventail, candélabre, spirale; en plein air ou en espalier.

Alexandrine Douillard. — Fruit assez gros, pyramidal, élargi vers l'œil, côtelé ; vert d'eau passant au jaune coing, parfois éclairé de rose lilacé; chair demi-fine, ni fondante, ni cassante, douce et sucrée.

Supprimer à leur jeune âge les fruits surabondants ; éviter les cueillettes tardives.

Arbre assez vigoureux, trapu et ramifié, sur franc et sur cognassier; très-fertile.

Tailler court; raccourcir les brindilles maigres ou trop rapprochées.

Pyramide, fuseau, candélabre, cordon ; en plein air ou en espalier aux expositions tempérées.

Doyenné du Comice. — Fruit assez gros, parfois gros, déprimé, côtelé ; vert pâle devenant blond éclairé de carmin léger avec mouchetures fauves ; chair fine, fondante, juteuse, exquise.

Cueillir successivement, dès que les premiers fruits tombent ou changent de couleur.

Arbre vigoureux, ramifié, lent à devenir fertile, surtout lorsqu'il est greffé sur franc; plus convenable sous une forme étendue, à moins qu'on l'élève sur cognassier.

Tailler court la flèche et tailler long les membres latéraux, en les fortifiant avec le cran et l'incision longitudinale ; ménager les brindilles allongées ou ramifiées, elles devront se mettre à fruit.

Haute tige, pyramide, fuseau, candélabre, vase ; en plein air ou en espalier.

Émile d'Hyest. — Fruit assez gros ou moyen, oblong, tronqué, bossué, large aux deux bouts ; coloris gris étendu sur fond vert ; chair fine, fondante, relevée, sucrée.

Ce fruit tient bien à l'arbre, il ne faut pas en hâter la cueillette.

Arbre très-vigoureux, sur franc et sur cognassier ; assez fertile.

Tailler long ; conserver les brindilles longues et trapues ; épointer les plus maigres. Cette variété se prête à l'arqûre des rameaux.

Haute tige, pyramide, palmette, vase ; en plein air ou en espalier au soleil.

Délices d'Hardenpont.— Fruit moyen, obtus ; vert fin ou primevère blême pointillé roux ; chair fine, fondante, exquise.

Il est inutile d'entre-cueillir, car les fruits ne mûrissent pas tous ensemble.

Arbre vigoureux, sur franc et sur cognassier ; fertile.

Taille ordinaire, plus courte vers le sommet, en pratiquant l'éborgnage des yeux qui accompagnent le bourgeon terminal; pincement des brindilles combiné avec le cassement.

Palmette, candélabre, pyramide; en plein air ou en espalier.

Délices de Lowenjoul. — Fruit moyen, ovale déprimé; vert clair ou crème frappé carmin; chair assez fine, fondante, relevée d'un aigrelet fin.

Sa saveur est plus agréable quand l'arbre est placé dans une bonne situation.

Arbre assez vigoureux, faible sur cognassier; très-fertile.

Tailler court, surtout la flèche; fortifier les membres latéraux; retrancher les brindilles longues ou amaigries.

Petit candélabre, cordon, fuseau, haute tige taillée en plein air ou en espalier.

Thompson. — Fruit assez gros, presque cylindrique, tronqué; primevère succédant à un vert tendre; chair fine, fondante, enrichie d'une saveur exquise.

Entre-cueillir le fruit afin de l'amener à une maturité successive.

Arbre modérément vigoureux, faible sur cognassier; fertile.

Pincer les branches du sommet de la charpente; fortifier celles de la base au moyen du cran et de l'incision longitudinale.

Palmette, candélabre, pyramide-fuseau, haute tige, cordon ; en plein air ou en espalier.

OCTOBRE-NOVEMBRE

Calebasse Tougard. — Fruit moyen, parfois assez gros, calebassiforme ; gris bronzé sur fond vert tacheté de rouille ; chair fine, de couleur saumonée, fondante, ayant une saveur particulière.

Cette poire se fendille dans une situation froide et préfère l'espalier.

Arbre vigoureux, sur franc, donnant de moins beaux fruits sur cognassier ; fertile.

Tailler long ; garder les brindilles effilées, trapues à la base comme des dards.

Pyramide, haute tige, palmette, candélabre ; en plein air ou en espalier au soleil.

De Tongres. — Fruit gros, pyramidal-conique, bossué ; coloris chamois sur fond vert, étendu de carmin vermillonné ; chair assez fine, mi-fondante, sucrée, remplie d'une eau délicieuse.

Le suc de cette poire étant d'abord astringent, elle se conserve quelque temps en maturation.

Arbre vigoureux, sur franc et sur cognassier ; fertile.

Les branches étant flexueuses, il convient de tailler sur des yeux placés de manière à continuer la charpente de l'arbre ; cassement en vert des brindilles trop développées.

Candélabre, haute tige, spirale, pyramide, cordon ; en plein air ou en espalier au soleil.

Beurré d'Apremont. — Fruit gros et assez gros, calebassiforme ; roux bronzé ou chamois-isabelle ; chair fine, fondante, relevée d'un goût délicat.

Ce fruit tient bien à l'arbre et mûrit successivement sans être entre-cueilli.

Arbre assez vigoureux, incompatible avec le cognassier ; fertile.

Taille moyenne ; éborgnage des yeux voisins du bourgeon terminal ; cassement des brindilles destinées à la fructification.

Candélabre, haute tige, fuseau ; en plein air ou en espalier.

Baronne de Mello. — Fruit moyen, ovoïde ; épiderme roux ferrugineux et cannelle sur fond vert ; chair fine, presque fondante, assaisonnée d'un arrière-goût acidulé, agréable.

Dans une situation froide, il est susceptible de se taveler ou fendiller, mais n'en est pas moins bon.

Arbre vigoureux, s'épuisant vite sur cognassier si le sol n'est pas généreux ; très-fertile.

Tailler plus court la flèche et les rameaux qui l'accompagnent ; allonger les autres et les fortifier par les moyens connus ; éviter les brindilles effilées ou trop confuses.

Fuseau, pyramide, candélabre, cordon, haute tige taillée ; en plein air ou en espalier.

Duchesse d'Angoulème. — Fruit très-gros et gros, variable dans sa forme, tronqué, bosselé ; jaune fin pointillé de roux, prenant du rouge au soleil, accidentellement ; chair mi-fine, souvent granuleuse au cœur, presque fondante, parfumée dans un sol chaud.

Entre-cueillir. Ce fruit demande à être dégusté à temps, quand la chair cède à la pression du pouce près du pédoncule ; mieux vaut le saisir plus tôt que trop tard.

Cueilli vert, une fois arrivé à sa grosseur, il peut retarder sa maturation.

Arbre vigoureux, sur franc et sur cognassier ; très-fertile.

Taille plus courte que longue ; pincement nul à l'arrière-saison ; retranchement des brindilles fluettes.

Pyramide, fuseau, palmette, candélabre, cordon, vase, haute tige taillée et abritée du vent ; en plein air ou en espalier aux expositions tempérées.

La *Duchesse d'Angoulême panachée* jouit à peu près des mêmes qualités que son type.

Napoléon. — Fruit assez gros ou moyen, tronqué aux deux bouts, étranglé au centre ; épiderme passant du vert tendre au jaune citron; chair fine, fondante, parfumée.

Une récolte successive n'est pas indispensable.

Arbre de vigueur moyenne, s'épuisant sur cognassier; fertile.

Tailler assez long sur des yeux non latents; pratiquer de petits crans à la base de la flèche.

Candélabre, pyramide fuseau, cordon, vase; en plein air ou en espalier aux expositions tempérées.

Soldat Laboureur. — Fruit moyen, turbiné, primevère clair, granité fauve; chair fine, fondante, relevée d'un arôme délicat.

Surveiller le temps de la récolte, parce que ce fruit tombe à bonne heure; le temps de sa maturité est assez variable.

Arbre vigoureux, sur franc et sur cognassier; fertile.

Tailler et pincer sur des yeux bien constitués. Empêcher l'amaigrissement des branches par la taille sévère, le cran et la greffe de rameaux inoculés.

Palmette, candélabre, pyramide fuseau, cordon, haute tige abritée du vent; en plein air ou en espalier.

Beurré Clairgeau. — Fruit très-gros et gros, pyramidal renflé, voûté près de la queue; jaune terne chargé de marbrures et de lenticelles rousses, fortement coloré de rouge luisant; pédoncule charnu, bourrelé ; chair mi-fine, mi-fondante ; eau suffisante plus ou moins acidulée ou sans saveur, ou relevée d'un arôme agréable ; c'est une question de sol, de climat et de hasard.

Soutenir les fruits pour prévenir leur chute.

Il convient de laisser mûrir le fruit dans une chambre aérée, et non de le descendre immédiatement au fruitier ou à la cave, sombre et humide.

Arbre modérément vigoureux, s'épuisant vite sur cognassier ; excessivement fertile.

Tailler court ; pincer seulement à la première séve. Utiliser les yeux à fruits surabondants par la greffe de boutons à fruit.

Candélabre, fuseau, pyramide, cordon, haute tige peu élevée, taillée et abritée du vent ; en plein air ou en espalier aux expositions tempérées.

Nouveau Poiteau. — Fruit assez gros, souvent gros, pyriforme, renflé au milieu, atténué vers la queue ; vert feuille même sous la peau ; chair fine, fondante, assez juteuse.

Ici, cueillir tard, c'est favoriser la conservation et la qualité.

Surveiller au fruitier les poires qui cèdent sous le pouce auprès du pédoncule, car cette variété mûrit sans changer de couleur.

Arbre vigoureux, pyramidal, sur franc et sur cognassier ; très-fertile.

Taille modérée ; absence de taille sur les rameaux trapus. Cassement nul sur les brindilles courtes.

Fuseau, pyramide, haute tige, palmette, candélabre ; en plein air ou en espalier aux expositions tempérées.

Souvenir de la reine des Belges. - Fruit assez gros, turbiné, obtus, tourmenté dans sa forme ; coloris herbacé, sablé roux, passant au jaune indien, flagellé carmin ; chair teintée, assez fine, mi-cassante ou mi-fondante, très-juteuse, parfumée, vineuse.

Sa maturation est lente et l'on n'a pas besoin de se hâter pour le manger ; le coloris et le parfum indiquent le point de maturité.

Arbre vigoureux sur franc et sur cognassier, à rameaux tourmentés ; fertile.

Surveiller le palissage des rameaux de charpente ; les tailler assez long sur des bourgeons bien placés ; ménager quelques brindilles.

Candélabre, haute tige, pyramide, éventail, vase spirale ; en plein air ou en espalier.

NOVEMBRE

Crasanne. — Fruit moyen, parfois assez gros, rond et plat ; épiderme épais, uniformément vert ; chair demi-fine, fondante, garnie d'une eau délicieuse, astringente, qui la conserve longtemps bonne.

Ce fruit ne réclame pas absolument une récolte successive ; il préfère l'abri du mur.

Arbre vigoureux, sur franc et sur cognassier ; fertile.

Tailler long ; surveiller le palissage ; nettoyer les écorces fatiguées ou mousseuses. Employer le cassement des brindilles effilées pour aider à la mise à fruit ; ménager celles qui ont l'œil terminal bien renflé.

Éventail, palmette, candélabre ; mieux en espalier qu'en plein air.

Van Mons. — Fruit gros ou assez gros, allongé ou conique ; vert pointillé brunâtre ; chair fine, fondante ; saveur enrichie d'une eau sucrée et d'un aigrelet doux.

Le fruit peut gercer quand le sujet est souffrant ou placé dans une situation froide.

Arbre de moyenne vigueur, délicat sur cognassier, à écorce fendillée ; d'une bonne fertilité.

Tailler sur des yeux bien constitués, plus court que long, parce qu'ici le cran est vicieux. Éviter les cassements ou pincements tardifs.

Pyramide, fuseau, candélabre, cordon, haute tige taillée et en bon sol ; en plein air ou en espalier, aux expositions tempérées.

Bon Gustave. — Fruit assez gros et moyen, oblong renflé, tronqué vers l'œil ; vert terne passant au jaune sale pointillé; chair assez fine, fondante, juteuse, agréable.

Au moment d'entrer en maturité, le fruit fane, puis change de couleur.

Arbre vigoureux sur franc et sur cognassier, lent à devenir fertile.

Tailler long, retrancher les branches trop rapprochées; conserver des brindilles.

Haute tige, palmette-candélabre, pyramide-fuseau; en plein air ou en espalier au soleil.

Nec plus Meuris. — Fruit assez gros et gros, obovale; jaune de Naples ou vert clair; chair fine, fondante, douce, relevée.

Le fruit récolté au nord est d'un joli coloris blanc de marbre; mais l'arbre sur franc manquerait de fertilité à cette exposition.

Arbre vigoureux, sur franc et sur cognassier; devenant fertile surtout sur cognassier.

La branche étant susceptible de se dégarnir, on taille long pour provoquer la fructification; mais on éborgne les yeux voisins du prolongement, et on ouvre des crans sur ceux de la base. Conserver les brindilles de moyenne longueur; l'œil terminal se met volontiers à fruit.

Haute tige, palmette, candélabre, pyramide; en plein air ou en espalier.

Prince Impérial. — Fruit gros ou assez gros,

ovale arrondi, ventru, non bossué; beurre frais sablé roux; chair teintée saumon, fine, fondante, juteuse.

Effeuiller le fruit, et le cueillir tard.

Arbre bien vigoureux, élancé, sur franc et sur cognassier; fertile.

Tailler long en pratiquant l'éborgnage et le cran. Tailler court et pincer les branches du sommet. Eviter les boutons à fruit sans support direct; ils s'annuleraient promptement; les brindilles plus allongées sont préférables.

Haute tige, palmette, candélabre, pyramide, fuseau, cordon; en plein air ou en espalier.

Fondante du Panisel. — Fruit moyen, rarement assez gros, aspect du Doyenné, bossué; jaune terne moucheté et maculé gris doré; chair fine, presque fondante, vineuse.

La saveur est moins relevée dans un sol humide.

Arbre vigoureux, sur franc et sur cognassier, d'un port pyramidal; fertile.

Aérer les branches charpentières des sujets soumis aux formes touffues, en retranchant celles qui font confusion en raison de leur ramification facile.

Fuseau, pyramide, haute tige, palmette, candélabre, vase; en plein air ou en espalier à bonne exposition.

Beurré Six. — Fruit gros, parfois assez gros,

pyramidal, ventru ; épiderme fin, vert uni, souvent lentillé brun ; chair très-fine, fondante, juteuse, beurrée.

Supprimer les petits fruits sur les arbres trop chargés ; surveiller la maturation qui s'annonce rarement par un changement de coloris.

Arbre de vigueur modérée, trapu, ne prospérant sur cognassier que dans les bonnes terres ; très-fertile.

Tailler assez long sur des yeux bien constitués. On peut s'exempter de tailler les rameaux courts.

Conserver les brindilles trapues ; l'œil terminal se développe, tandis que les autres se mettent à fruit.

Candélabre, pyramide fuseau, cordon, haute tige en bon sol ; en plein air ou en espalier à bonne exposition.

NOVEMBRE-JANVIER

Figue d'Alençon.— Fruit moyen et assez gros, en forme de figue oblongue ; vert d'eau arrosé brique luisant ; chair assez fine et fondante, suc relevé de la saveur de dragée praline.

Cueillir assez tard ; déguster quand le fruit cède à l'inquisition du pouce, auprès du pédoncule.

Arbre très-vigoureux, sur franc et sur cognassier ; plus fertile sur cognassier ou sous une grande forme.

Taille allongée avec éborgnage et cran, pour éviter

les branches dénudées. Pincer les rameaux du sommet ; surveiller le dressage.

Haute tige, palmette, pyramide, vase : en plein air ou en espalier au soleil.

Triomphe de Jodoigne. — Fruit gros ou très-gros, pyramidal ventru, tronqué en forme de coing, souvent anguleux, bosselé et marqué d'un sillon entre œil et queue ; peau grasse, vert sombre lentillé olivâtre, parfois jaspé de rouge obscur ; chair assez fine, tendre, assez fondante, juteuse, relevée.

Éviter les petits fruits, ils sont moins bons. Effeuiller et récolter tard ; la saveur y gagnera.

Arbre très-vigoureux, robuste sur franc et sur cognassier, à rameaux divariqués ; fertile.

Tailler long, sauf les rameaux du sommet qui, lorsqu'ils sont très-fougueux, seront soumis à l'arqûre. Respecter les brindilles courtes, vulgairement appelées dards.

Palmette-candélabre, pyramide ailée, haute tige, vase-spirale, éventail ; en plein air ou en espalier.

Beurré Diel. — Fruit gros ou très-gros, turbiné ou cydoniforme ; vert passant au jaune de Naples teinté chrôme ou lilacé ; chair tendre, mi-fine, mi-fondante, juteuse, relevée d'un suc aromatisé, agréable.

Cette poire a l'avantage de se garder pendant plusieurs semaines en bon état de maturation.

Arbre vigoureux, sur franc et sur cognassier, à rameaux souvent contournés; très-fertile.

Taille plus courte que longue, avec éborgnage au sommet et cran à la base des rameaux, sujets à se dégarnir. Conserver des brindilles sans les couper; l'œil terminal se met à fruit.

Palmette, candélabre, haute tige, pyramide, vase; en plein air ou en espalier.

Beurré Bachelier. — Fruit gros ou très-gros, elliptique, déprimé; vert fin passant au citron, souvent jaspé carmin; chair fine, assez fondante, juteuse, sucrée, exquise.

Cueillir assez tard, après effeuillement.

Arbre vigoureux, ramifié, trapu sur franc et sur cognassier; très-fertile.

Tailler assez long; garder les ramifications latérales ou brindilles fruitières qui ne sont pas trop rapprochées.

Pyramide, candélabre, fuseau-colonne, palmette, haute tige, vase, cordon; en plein air ou en espalier à bonne exposition.

Léon Grégoire. — Fruit gros et assez gros, ventru et tronqué; jaune herbacé, moucheté fauve; chair assez fine, fondante, sucrée, vineuse.

Effeuiller avec soin pendant la quinzaine qui précède la récolte.

Arbre vigoureux, ramifié, sur franc et sur cognassier; fertile.

Tailler assez long ; conserver quelques brindilles pas trop effilées ni trop rapprochées.

Palmette, candélabre, pyramide, fuseau, haute tige, vase, cordon ; en plein air ou en espalier.

Castelline. — Fruit moyen, turbiné court ; vert plombé moucheté grisaille, piqueté brun, souvent éclairé d'incarnat ; chair fine, ferme, demi-fondante, sucrée, agréable.

Récolter dès la chute des premiers fruits arrivés à point ; ils se gardent quelque temps en bonne maturité.

Arbre vigoureux, sur franc et sur cognassier; plus fertile sur ce dernier sujet.

Tailler long , conserver les brindilles.

Haute tige, palmette, pyramide, cordon ; en plein air ou en espalier au soleil.

Grand Soleil. — Fruit moyen, obovale-turbiné, roux doré sur fond chamois ocracé ; chair assez fine, ferme, mi-fondante, aromatisée, excellente.

Cueillir successivement, en commençant par ceux qui tiennent moins à l'arbre.

Arbre modérément vigoureux, surtout dans les terrains maigres, antipathique au cognassier ; d'une bonne fertilité.

Tailler assez long ; éviter trop de mutilations, pincer sobrement.

Petit candélabre, pyramide, haute tige ; en plein air ou en espalier aux expositions tempérées.

Zéphirin Grégoire. — Fruit petit et moyen, aplati vers l'œil, replié à l'insertion de la queue ; jaune de Naples ou vert fin parfois teinté rose ; chair fine, fondante, sucrée, aromatisée.

Faire la récolte assez tard. Si l'arbre est sur cognassier et abondamment chargé, on peut éclaircir les bouquets les plus compactes, peu de temps après la défloraison.

Arbre modérément vigoureux, faible sur cognassier ; très-fertile.

Tailler court, retrancher les brindilles longues quand le sujet est en bon état de fructification.

Pyramide, petit candélabre, haute tige, cordon ; en plein air ou en espalier aux expositions tempérées.

Beurré d'Hardenpont. — Fruit assez gros ou gros, cydoniforme ; vert de mer passant au jaune coing ; chair très-fine, fondante, froide, juteuse, sucrée, exquise.

Récolter successivement, suivant l'adhérence de la poire à la branche. Le fruit tombe moins dans sa jeunesse quand l'arbre est sur cognassier.

Arbre vigoureux, se ramifiant bien, ayant le défaut de perdre ses fruits peu de temps après la défloraison ; fertile.

Tailler long, conserver les brindilles courtes et ramifiées que l'on retient par le pincement en été.

Palmette, candélabre, pyramide, haute tige, vase ; en plein air ou en espalier.

Passe-Colmar. — Fruit moyen, allongé ou raccourci ; jaune sulfureux pointillé, cendré roux ; chair fine, ferme, assez fondante, enrichie d'un parfum délicieux.

Cueillir le fruit de bonne heure, car il tombe un des premiers de la saison.

Arbre de vigueur modérée, à rameaux faibles, sur franc ou sur cognassier dans une bonne terre ; très-fertile.

Tailler court, dresser les rameaux de charpente ; conserver les brindilles longues que l'on rapproche après leur fructification.

Palmette, candélabre, pyramide, fuseau, éventail, haute tige abritée, cordon ; en plein air ou en espalier.

DÉCEMBRE-FÉVRIER

Colmar Nélis. — Fruit petit ou moyen, court ; verdâtre cendré et maculé gris-noisette, surtout vers l'œil ; chair fine, fondante, parfumée, exquise.

Il est inutile de retrancher des fruits sur les arbres féconds ; on peut récolter en plusieurs fois.

Arbre vigoureux, sur franc et sur cognassier, à rameaux flexueux.

Tailler sur des bourgeons qui redressent les branches, surveiller le dressage ; conserver les brindilles en raccourcissant les plus menues ou trop rapprochées.

Palmette, candélabre, éventail, haute tige ; en plein air ou en espalier.

Orpheline d'Enghien. — Fruit moyen, oblong ou raccourci, irrégulier, replié sur lui-même vers le pédoncule ; vert jaune moucheté grisâtre vers ses extrémités ; chair assez fine et fondante, eau vineuse d'une saveur acidulée, fine.

Retrancher, dès leur jeune âge, les fruits petits, rachitiques ou tachés, quand l'arbre est peu vigoureux ou trop chargé.

Arbre modérément vigoureux, faible sur cognassier, réclamant une bonne position de sol et de climat ; d'une bonne fertilité.

Avoir soin, en taillant, de ne point couper sur vieux bois, sur œil annulé, ni de multiplier les crans et incisions.

Petit candélabre, fuseau, cordon ; en espalier aux meilleures expositions ou en plein air.

Beurré de Nivelles. — Fruit moyen et assez gros, turbiné, élargi vers l'œil ; vert fin heurté de pourpre ; chair ferme, assez fine et fondante, relevée, sucrée, agréable.

Effeuiller le fruit et ne pas cueillir trop tôt.

Arbre vigoureux, sur franc et sur cognassier ; fertile.

Taille assez longue, avec éborgnage des yeux qui approchent le bourgeon terminal, et petits crans à la base des rameaux de charpente ; ménager des brindilles pour la production.

Palmette, candélabre, haute tige, pyramide ; en plein air ou en espalier.

Royale d'hiver. — Fruit assez gros et moyen, pyramidal turbiné, tronqué ; vert clair ombré de gris ferrugineux et souvent jaune coing éclairé de rose ; chair fine, mi-fondante, juteuse, froide.

Dans un climat méridional, ou dans un sol calcaire, ce fruit est plus coloré et meilleur.

Arbre bien vigoureux sur franc et sur cognassier avec lequel il forme un gros bourrelet, à rameaux divariqués ; variable dans sa fertilité.

Tailler long, palisser souvent ; conserver des brindilles entières pour la fructification.

Éventail, palmette, en espalier et même en haute tige et pyramide, avec les conditions précitées.

Nouvelle Fulvie. — Fruit gros, pyriforme turbiné ou calebassiforme, bosselé ; crème cendré, flagellé de gris et d'aurore vermillonné ; chair teintée, ferme, fine, mi-fondante, aromatisée, excellente.

Opérer la récolte en deux ou trois fois ; attendre pour déguster le fruit qu'il fléchisse sous la pression du pouce.

Arbre vigoureux, sur franc et sur cognassier, à rameaux flexueux et recourbés ; très-fertile.

Tailler sur des bourgeons qui dressent la charpente du sujet, entretenir le palissage ; utiliser les ramifications qui garnissent les branches, en les conservant pour la fructification. Plus tard, on les rabat à trois yeux.

Candélabre, éventail, pyramide, fuseau à branches retombantes, haute tige, cordon, spirale ; en plein air ou en espalier.

Beurré de Luçon. — Fruit assez gros ou moyen, obtus ; gris plombé nuancé ventre de biche sur fond vert ; chair demi-fine, souvent granuleuse au cœur, fondante, relevée.

L'arôme de cette poire est plus prononcé quand l'arbre est en bonne situation et le fruit venu sur un sujet bien portant.

Arbre médiocrement vigoureux, délicat sur cognassier ; fertile.

Tailler sur des yeux bien saillants, éviter les mutilations répétées sur les brindilles.

Candélabre de moyenne envergure, haute tige, pyramide, fuseau, cordon ; en espalier ou en plein air dans une bonne place.

Beurré Millet. — Fruit moyen et petit, court, légèrement côtelé ; vert plombé, granité bistre ; chair fine, fondante, juteuse, sucrée, parfumée.

La récolte peut s'opérer en plusieurs fois.

Arbre vigoureux sur franc et sur cognassier, ramifié ; fertile.

Dégager, à la taille, le branchage des parties inutiles, faisant confusion, nées de la ramification facile de la variété ; conserver des brindilles entières.

Fuseau, pyramide, candélabre, haute tige, cordon ; en plein air ou en espalier.

Passe-Crasanne. — Fruit assez gros, rond et presque plat ; vert bronzé roux ; chair assez fine, fondante, juteuse, sucrée, relevée d'un goût acidulé.

Cueillir tardivement. La maturité s'annonce par un changement de nuance ; attendre pour la dégustation la parfaite souplesse de la chair.

Arbre vigoureux sur franc et sur cognassier, se dressant naturellement en fuseau droit ; devenant très-fertile.

Tailler long ; mais, si l'on veut diriger l'arbre sous une forme assez large, il convient de tailler court la flèche et long les membres latéraux, en les fortifiant par le dressement, le cran et l'incision longitudinale. Conserver les brindilles courtes ou ramifiées.

Fuseau colonne, haute tige, petit candélabre, cordon ; en plein air ou en espalier.

JANVIER-MARS

Saint-Germain. — Fruit gros ou assez gros, oblong ; vert feuille ou crème truité de rouille ; chair presque fine, fondante, renfermant une eau sucrée, vineuse, acidulée.

Cette poire est mieux conformée quand l'arbre est en bonne position de sol et de climat, en espalier par exemple. Elle jaunit en mûrissant.

Arbre vigoureux sur franc et sur cognassier, moins robuste en plein air ; fertile.

Taille moyenne afin d'éviter les parties dénudées ; éborgner et pincer les brindilles supérieures, entretenir le sujet en bon état de culture et de propreté.

Éventail, palmette, candélabre, en espalier ; et parfois fuseau ou haute tige en plein air, dans une situation privilégiée.

Les *Saint-Germain gris* et *panaché* en sont de bonnes sous-variétés, mais frappées des mêmes inconvénients que leur type.

Besi de Saint-Waast. — Fruit moyen, court, aplati vers l'œil, souvent replié vers la queue, bossué ; vert arrosé de gris et de rose luisant ; chair fine, ferme, presque fondante, parfumée.

Ce fruit mûrit successivement et l'annonce par un faible changement de teinte.

Arbre de vigueur ordinaire, faible sur cognassier dans un sol moins généreux ; fertile.

Tailler les branches latérales assez long ; conserver intactes les brindilles moins allongées.

Candélabre, haute tige, pyramide, fuseau, vase ; en plein air ou en espalier.

Commissaire Delmotte. — Fruit moyen,

élargi et déprimé vers l'œil, atténué au pédoncule ;
vert pâle ou jaune ocreux, truité grisaille ; chair
ferme, presque fine, mi-fondante, juteuse, aromatisée.

Cueillir tard, après effeuillement graduel et sévère.

Arbre vigoureux, sur franc et sur cognassier;
devenant fertile.

Tailler long ; pincement et cassement des brindilles. Incision annulaire sur les fractions de branches
improductives et inutiles à la charpente.

Haute tige, palmette, candélabre, pyramide, vase ;
en plein air ou en espalier.

Passe-Colmar François. — Fruit moyen,
déprimé vers l'œil, atténué au pédoncule ; vert pâle
passant au jaune primevère flagellé gris ; chair fine,
ferme, fondante, succulente et relevée.

Effeuiller le fruit et cueiilir tard ; déguster quand
arrive le changement de coloris.

Arbre de vigueur modérée, faible sur cognassier,
pyramidal, devenant fertile.

Dégager le branchage des rameaux trop rapprochés; d'abord leur appliquer l'incision annulaire, afin
de les obliger à produire avant de les supprimer.

Fuseau, petit candélabre, haute tige : en plein air
ou en espalier à bonne exposition.

Beurré de Rance. — Fruit assez gros, pyriforme renflé et tronqué aux deux bouts ; peau rude,

vert bronzé grisaille ; chair un peu grosse et garnie d'une eau aromatisée, d'un goût franc.

La suppression des fruits surabondants, l'effeuillement et la cueillette tardive améliorent cette poire, qui n'est pas sans mérite dans les sols légers ou pierreux, et aux bonnes expositions.

Arbre très-vigoureux, indocile sur cognassier, à rameaux divariqués ; devenant fertile.

Tailler long ; palisser sévèrement ; conserver des brindilles de diverses longueurs.

Palmette-candélabre, haute tige, éventail, vase-spirale, pyramide ; en plein air ou en espalier à bonne exposition.

Joséphine de Malines. — Fruit petit et moyen, arrondi, plat vers l'œil ; jaune de Naples finement sablé roux, parfois lavé de rose ; chair bien fine, teintée d'aurore, fondante, avec un parfum raffiné.

Cette poire ne demande pas à être cueillie tardivement.

Arbre vigoureux, inconstant sur cognassier dans les moins bons sols, à rameaux tourmentés ; lent à devenir fertile.

Tailler long avec éborgnage et cran, afin d'empêcher les membres de se dégarnir. Conserver des brindilles de toutes longueurs ; car les yeux terminaux sont ceux qui se disposent à fruit.

Éventail, haute tige, palmette-candélabre, vase-spirale ; en espalier ou en plein air.

Beurré Sterckmans. — Fruit moyen, de forme variable, en forme de bergamotte ou de coing ; coloris beurre frappé de carmin, tiqueté marron et olivâtre ; chair fine, serrée, teintée, presque fondante.

Effeuiller graduellement dans le but de favoriser son coloris, rare chez les poires d'hiver ; maturation lente.

Arbre vigoureux, sur franc et sur cognassier, devenant fertile.

Taille assez longue, corrigée par l'éborgnage et le cran. La flèche et les rameaux qui l'accompagnent, ayant une tendance à s'emporter, seront taillés plus court et pincés. Conserver des brindilles que l'on rapproche après fructification.

Pyramide, fuseau, candélabre, haute tige, cordon, vase ; en plein air ou en espalier à bonne exposition.

Vauquelin. — Fruit assez gros, ventru, en forme d'œuf, de coing ou de toupie ; vert feuille, parfois blême lavé rouge ; chair assez fine, fondante, avec une eau sucrée, parfumée, agréablement acidulée.

Effeuiller autour du fruit et le cueillir tard.

Arbre bien vigoureux sur franc et sur cognassier, d'une belle venue ; fertile.

Taille longue, en ayant le soin de tailler court la flèche et de la pincer s'il le faut ; appliquer l'incision annulaire sur des branches secondaires inutiles à la symétrie de la charpente ; fortifier par des crans et incisions la base du sujet.

Palmette, candélabre, pyramide, fuseau, haute tige, vase, en plein air ou en espalier.

Doyenné d'hiver. — Fruit gros, obovale, renflé au centre, tronqué aux deux bouts ; vert uni souvent fouetté rougeâtre ; chair assez fine et fondante, avec une eau relevée d'un aigrelet agréable.

Cueillir tard dans l'intérêt de la conservation et de la qualité du fruit. Dans beaucoup de localités, il se tavelle et se crevasse ; on y remédie par les projections de fleur de soufre ou par l'abri de l'arbre en espalier. Le fruit jaunit en mûrissant.

Arbre vigoureux, se fatiguant sur cognassier, dans un sol médiocre ; très-fertile.

Tailler sur un œil non éperonné, sinon on l'éborgne, et l'on choisit le plus beau bourgeon adventice pour le prolongement ; éviter les branchages trop compacts de bois et de feuillage.

Palmette, candélabre, pyramide, cordon, vase, haute tige ; mieux en espalier qu'en plein air.

Doyenné d'Alençon. — Fruit moyen, arrondi ou ovoïde ; vert franc ; chair teintée au cœur, assez fine et fondante, juteuse, acidulée.

Effeuiller le fruit et cueillir à l'arrière-saison ; il tient bien à l'arbre.

Arbre vigoureux, sur franc et sur cognassier ; lent à devenir fertile.

Tailler long ; conserver des brindilles les mieux

constituées, que l'on incise au besoin, ainsi que les branches inutiles à la charpente.

Haute tige, palmette, pyramide, vase ; en plein air ou en espalier.

FÉVRIER-MAI

Fortunée. — Fruit moyen, trapu, œil et queue rarement à fleur du fruit ; épiderme assez rude, vert largement maculé de gris ocracé ; chair tendre, mi-fondante, fenouillée.

Cette poire vient bien en espalier au nord ; on l'utilise encore comme fruit à cuire.

Arbre vigoureux, pyramidal sur franc et sur cognassier ; lent à devenir fertile.

Taille assez longue ; réserver des brindilles et inciser ou supprimer les branches formant confusion dans la charpente du sujet.

Fuseau, palmette-candélabre, vase, haute tige ; en plein air ou en espalier.

Bergamotte Espéren. — Fruit moyen, rond et plat comme un oignon ; peau épaisse, vert jaune truité gris sépia ; chair ferme, teintée, très-fine, fondante, aromatisée, excellente.

Au soleil, ou quand l'arbre est sur cognassier, le fruit peut se colorer ; récolte graduelle.

Arbre vigoureux, sur franc et sur cognassier, dans une bonne terre ; fertile.

On peut alterner une taille longue avec une taille courte d'une année à l'autre; conserver des brindilles, leurs yeux terminaux se transforment en trochets de fruits.

Palmette-candélabre, pyramide-fuseau, haute tige, vase; en plein air ou en espalier.

Tardive de Toulouse. — Fruit gros et assez gros, pyramidal, ventru ou ramassé, tronqué, bosselé, souvent sillonné et déprimé sur une face; vert de mer changeant en beurre frais, ponctué roux, parfois éclairé d'incarnat; chair demi-fine, mi-fondante ou mi-cassante, juteuse, relevée d'une saveur qui plaît.

Ce fruit réclame une récolte en dernière saison.

Arbre vigoureux, d'une belle venue, plus retenu sur cognassier dans un terrain ordinaire; d'une bonne fertilité.

Tailler assez long, surtout les branches inférieures; utiliser les yeux à fruits surabondants par la greffe de boutons à fruit.

Palmette-candélabre, pyramide-fuseau, cordon, vase, haute tige; en plein air ou en espalier.

Bési-mai. — Fruit assez gros et moyen, plat, ventru, atténué ou replié vers la queue; vert intense; chair fine, ferme, mi-fondante ou mi-cassante, douce, agréable.

Supprimer les fruits surabondants, surtout aux branches délicates ou trop chargées; cueillir tard.

Arbre modérément vigoureux, s'affaiblissant vite sur cognassier ; très-fertile.

Taille moyenne en conservant les brindilles courtes pour la fructification et coupant les autres à 10 centimètres. On peut greffer cette variété sur un poirier vigoureux déjà greffé, dans un sol ordinaire, ou lorsqu'on veut le posséder en haute tige.

Petit candélabre, fuseau, cordon, haute tige ; en plein air ou en espalier.

BONNES POIRES A CUIRE

OU A COMPOTES

Toutes ces variétés sont plantées en haute tige ou plein vent, greffé sur franc, ou en basse tige sur cognassier, quand le terrain le permet.

NOVEMBRE

Messire-Jean. — Fruit moyen, turbiné court ; peau rude, olivâtre à reflet bronzé, étendue de nuances carmélite ; chair grosse, jaunâtre, graveleuse, cassante, pleine d'une eau aromatisée qui plaît.

Arbre vigoureux, fertile.

DÉCEMBRE-JANVIER

Martin-sec. — Fruit petit et moyen, calebassiforme ; coloris isabelle, pâle à l'ombre, reflets car-

minés au soleil avec une poussière glauque et poin-
tillée de blanc ; chair assez fine, grenue au cœur.

Arbre robuste, devenant fertile avec l'âge.

FÉVRIER-MAI

Catillac. — Fruit gros ou très-gros, ventru, très-
élargi vers l'œil ; blanc verdâtre passant au jaune
blond teinté de rose ; chair assez granuleuse, cassante, douce.

Arbre vigoureux, robuste, d'une grande production.

Bon-chrétien d'hiver. — Fruit variable de
grosseur et de coloris, soit moyen et vert uni, soit
gros et jaune cire, satiné rubis, selon que l'arbre est
sur franc ou sur cognassier, en plein vent ou en
espalier, à l'ombre ou au soleil ; chair assez fine,
mi-cassante, douce.

Arbre vigoureux, à rameaux tourmentés, préfé-
rant une bonne situation, comme en offrent les pays
tempérés, sinon l'espalier au midi.

MARS-JUIN

Sarrasin. — Fruit moyen ou assez gros, pyriforme ou cylindrique, renflé faiblement au milieu ;
jaune pâle chargé de marbrures ocre gris pointillé
plus foncé, fortement coloré de rouge vermillon ;

chair fine, mi-cassante, juteuse, tendre, relevée d'un parfum acidulé et anisé.

Arbre vigoureux, trapu, bien fertile.

Tavernier de Boullongne. — Fruit gros, calebassiforme, ventru au milieu, pointu vers la queue ; épiderme épais, luisant, blême strié rose, et plus souvent vert parsemé de lenticelles olivacées, surmontées d'un point roux ; chair assez grosse, cassante, juteuse.

Cette variété doit être cueillie fort tard et employée à l'arrière-saison.

Arbre vigoureux, se ramifiant bien ; fertile.

POIRES D'ORNEMENT

BELLES SUR L'ARBRE ET SUR LA TABLE

ET QUI PEUVENT ENTRER

DANS UNE COLLECTION MODESTE OU CONSIDÉRABLE

SEPTEMBRE-OCTOBRE

Van Marum. — Fruit magnifique, curieux, de première grosseur, de forme très-allongée, cylindrique ou conique; coloris roux doré uniforme, ou étendu sur un fond vert teinté de rose orangé; chair demi-fine, neigeuse, presque fondante, peu juteuse, mais d'un goût agréable quand elle est cueillie à point, et mangée lorsqu'elle paraît être transparente à la jonction du pédoncule.

Elle est également bonne en compote.

Soutenir le fruit sur l'arbre afin de lui éviter les meurtrissures de la chute.

Arbre modérément vigoureux, très-fertile sur franc, délicat sur cognassier; où il donne de moins beaux fruits.

Taille courte ; pincement presque nul.

Pyramide étroite, petit candélabre, cordon ; en plein air ou en espalier aux expositions tempérées.

OCTOBRE-NOVEMBRE

Général Tottleben. — Fruit très-gros, ventru, allongé, tronqué ; vert de mer passant au soufre nuancé jaune indien, parfois teinté rose ; chair demi-fine, demi-fondante, neigeuse, savoureuse quand elle est mangée à point.

Cette poire tient bien à l'arbre par son long pédoncule ; elle a le défaut de s'y fendiller et même de s'y tacher.

Arbre très-vigoureux sur franc et sur cognassier ; d'une bonne fertilité.

Tailler assez long ; pincer les brindilles en première saison, les casser ensuite ; arquer les branches fougueuses du sommet.

Palmette candélabre, pyramide fuseau, vase spirale, cordon, haute tige ; en plein air ou en espalier, à bonne exposition.

MARS-JUIN

Belle-Angevine. — Fruit énorme, de toute beauté, superbe de forme et de coloris, pyramidal ventru, largement renflé et bossué ; robe vert d'eau se fondant avec un jaune terne, coloré brusquement de carmin vif; chair grosse, cassante, bonne cuite avec du bon vin et du sucre.

C'est l'ornement des tables par excellence; aussi les restaurateurs achètent à grand prix les plus jolis exemplaires de poire Belle-Angevine.

Arbre très-vigoureux ; plus fertile sur cognassier.

Taille longue; cassement des brindilles combiné avec le pincement; incision annulaire sur les brindilles fortement empâtées.

Cette variété n'étant cultivée que pour l'apparat, il convient de la planter dans une situation qui favorise le beau développement de ses fruits, comme, par exemple, la basse tige sur cognassier, l'espalier au soleil.

Les amateurs qui désireraient augmenter cette collection des cent premières poires pourront consulter les groupes suivants, composés de bonnes sortes de poires, classées dans leur ordre de maturité.

1° Groupe supplémentaire de bonnes poires d'été

Auguste Jurie, — juillet-août ;
Pêche, — août ;
Ravut, — août-septembre ;
Delisse, — août-septembre ;
Bonne d'Ezée, — septembre.

2° Groupe supplémentaire de bonnes poires d'automne

Duc de Nemours, — septembre-octobre ;
Ananas, — septembre-octobre ;
Fondante de Charneux, — octobre ;
Graslin, — octobre-novembre ;
Calebasse de Bavay, — novembre.

3° Groupe supplémentaire de bonnes poires d'hiver

Saint-Vincent-de-Paul, — novembre-mars ;
Echassery, — janvier-mars ;
Suzette de Bavay, — janvier-avril ;
Napoléon Savinien, — janvier-avril ;
Prince Albert, — février-avril.

4° Groupe supplémentaire de bonnes poires pour haute tige à tout vent

Blanquet, — juillet-août ;
A deux yeux, — août :
De Fauce (1), — août ;
Sylvange, — octobre-novembre :
De Prêtre , — novembre-janvier.

5° Groupe supplémentaire de bonnes poires à cuire

Certeau d'automne, — novembre-décembre ;
Bon-chrétien d'Espagne, — novembre janvier ;
Missive (2), — janvier-mars ;
Angleterre d'hiver, — février-avril ;
Râteau gris, — février-avril.

6° Groupe supplémentaire de bonnes poires d'ornement

Verte longue panachée, fruit petit, — de sept. et octobre ;
Colmar d'Aremberg, fruit très-gros, — d'oct. et novembre ;
Gustave de Bourgogne, fruit gros, — de novembre ;
Beurré Luizet, fruit gros, — de novembre et décembre ;
Forelle, fruit petit, — de novembre en janvier.

---

(1) Dans les environs de Troyes, le poirier de Fauce ou de Fosse acquiert des dimensions gigantesques; il manque de fertilité dans sa jeunesse.

(2) Nom incertain.

TABLE DES MATIÈRES

Evreux, A. Hérissey, imp. — 165.

Série à 50 c.

Abeilles. — De l'Asphyxie momentanée des abeilles et des moyens de la pratiquer, ses avantages et ses inconvénients, par HAMET. In-18 orné de 10 fig.

Almanach de l'Agriculteur praticien pour 1865. 9e année. 1 vol. in-18 avec de nombreuses fig.

Les années 1857 à 1864, chaque — — — — 50 c.

Almanach du Jardinier fleuriste pour 1865, suivi de notes sur le jardin potager, 10e année. 1 vol. in-18 avec fig. dans le texte.

Les années 1859, 1860, 1862, 1863 et 1864, chaque — — 50 c.

Arbres fruitiers — Traité de la culture des arbres fruitiers. Procédé pour hâter et assurer une abondante récolte de fruits même sur les arbres les plus stériles, etc., par POULET. In-8.

Asperges. — Culture des asperges en plein air, par LHÉRAULT-SALBOEUF. In 18.

Chaux, Marne et Calcaires coquilliers. Leur emploi pour l'amendement du sol, par Isidore PIERRE. In-18. 2e édit.

Engrais en général (*Des*), suivi de la manière de traiter les matières fécales, par GREFF. 2e éd. In-18. Fig.

Fromage de Hollande — Fabrication de fromage façon de Hollande, par LE SÉNÉCHAL. In-18 orné 20 fig. Fait partie de l'*Almanach de l'Agriculteur praticien,* 1865.

Fumier. — Plâtrage et sulfate du fumier et désinfection des vidanges, par Isidore PIERRE. In-18. 2e édit.

Incubation artificielle, par A. LEROY. In-18 avec 2 fig.

Irrigations. — Petit traité des irrigations, par James DONALD, traduit par A. DE FRARIÈRE. In-18 avec fig.

Lapin domestique. — Instruction élémentaire pour élever le lapin domestique. In-18.

Fait partie de l'*Almanach de l'Agriculteur praticien,* 1861.

Poules. — Maladies des poules, causes et traitement. Trad. de l'anglais. In-18.

Fait partie de l'*Almanach de l'Agriculteur praticien,* 1862.

Semailles en lignes (*Des*) **et des Semoirs mécaniques**, par F. GEORGES. In-8. (Extrait de l'*Agriculteur praticien.*)

Soufrage des vignes. — Instruction sur le soufrage des vignes, par LE CANU. In-18.

Vigne. — Résumé des opérations à suivre pendant le cours de la végétation de la vigne et étude de la rupture des bourgeons à l'état herbacé, par E. TROUILLET. Tableau in-folio, fig. et texte.

Série à 60 c.

Atmosphère (*L'*) est un engrais complet, par le docteur SCHNEIDER. In-8.

Sorgho. — Composition chimique et extraction du sucre de la canne de sorgho, par Paul MADINIER. In-8.

Sorgho à sucre. — Culture, récolte, emploi de la graine, extraction du jus sucré, distillation, etc., par Paul MADINIER. In-8. (Extrait de l'*Agriculteur praticien.*)

Sorgho sucré (*Le*), sa culture comme plante fourragère et comme plante alcoolisable et saccharine, par Louis HERVÉ. In-8.

Série à 75 c.

Arbres fruitiers (*Des*) **et de la Vigne**, par YSABEAU 1 vol. in-18.

Asperges. — Instructions pratiques sur la plantation des asperges, par BOSSIN. 2e édit. 1 vol. in-18.

Basse-cour et Lapin. — Traité complet de l'élève et de l'engraissement des animaux de basse-cour et du lapin, par YSABEAU. 1 vol. in-18.

Bêtes ovines (*Des*) **et des Chèvres**, par YSABEAU. 1 vol. in-18. fig.

Dindons et Pintades, par MARIOT-DIDIEUX. 1 vol. In-18.

Fleurs. — Instructions pour les semis de fleurs de pleine terre, par VILMORIN-ANDRIEUX, 4e édit. In-16.

Instruments aratoires (*Des*) **et des travaux des champs**, par YSABEAU. 1 vol. in-18. Fig.

Maïs. — Alcoolisation des tiges du maïs et du **Sorgho sucré.** ALCOOL. — CIDRE. — BIÈRE. — VINS ARTIFICIELS, par DURET, chimiste. In-18.

Pigeons. — Guide de l'éleveur de Pigeons de colombier et de volière, par MARIOT-DIDIEUX. In-8.

Poules (*Des*), ou Réformation de la basse-cour, par BEAUFORT DE LAMARRE. In-8.

Récoltes dérobées (*Des*), comme fourrages et engrais verts, et culture de la *Moutarde blanche*, traduit de l'anglais par J. A. G. in-18. Fig.

Vers à soie. — Guide de l'éleveur de vers à soie, par MM. Guérin-Méneville et Eugène Robert. 1 vol. in-18 avec fig.

Vigne. — Régénération de la vigne par une nouvelle plantation, par E. Trouillet. In-18.

Viticulture. — Etudes comparées sur la viticulture, par Pistor-Paillet. In-12.

Série à 1 fr.

Abeilles. — Culture des abeilles, par l'abbé Floquet, 1 vol. in-18.

Abeille (*L'*) italienne des Alpes. — Exposé sur l'art d'élever les reines italiennes de pure race, de les centupler en peu de mois, et de transformer en ruches italiennes les ruches communes, par Hermann. In-18.

Apiculture perfectionnée, ou Théorie et application pratique de la direction des rayons, par Greslot. In-18 avec pl.

Arboriculture. — Notions préliminaires d'arboriculture à la portée de tout le monde, par E. Trouillet. 2e édition, in-18 orné de 21 grav. dans le texte.

Arbres fruitiers. — Instructions élémentaires sur la taille des arbres fruitiers, par Lachaume. 1 vol. in-18 orné de 20 fig.

Bouturer, greffer, marcotter et semer (*Guide pour*) les plantes d'ornement, annuelles ou vivaces, arbres et arbustes, extrait en partie du *Jardin fleuriste*, par Charles Lemaire et Lequien. 1 vol. in-18 orné de 35 fig.

Camellias. — Culture des camellias, par de Jonghe. 2e édition. 1 vol. in-18.

Catalogue descriptif et raisonné des arbres fruitiers et d'ornement pour 1863, par André Leroy. In-8.

Champignons. — Culture des champignons, avec l'indication d'une nouvelle méthode pour en obtenir en tous lieux par l'emploi de la mousse, suivi d'une nomenclature des champignons comestibles et vénéneux, par Sallé, 2e édit. 1 vol. in-18, fig. dans le texte.

Comptabilité agricole. — Notions pratiques sur la comptabilité agricole en partie simple et en partie double, à l'usage des cultivateurs, des fermiers, des propriétaires, etc., par J Schneider. In-8.

Culture. — De la petite culture, ou Moyens d'augmenter le rendement des terres de labour et de jardin, par A. Espanet. In-18.

Drainage. — Résumé d'un cours pour les cultivateurs, par Hernoux, ingénieur. In-18, fig.

Engrais. — Du système de culture fondé sur l'emploi exclusif du fumier de ferme, et résumé de quelques notions et principes importants en matière d'engrais, de nutrition végétale et de culture, d'après les recherches et travaux de MM. Liebig, Boussingault, Malaguti, Bobierre, etc., par Dumay, 2e édit. In-8.

Engrais (*Des*), ou l'Art d'améliorer les plus mauvaises terres par les amendements et les engrais de toute nature, par Ducoin. 1 vol. in-18.

Essais gleucométriques faits en 1862 sur cent variétés de raisin, par le docteur Fleurot.

Fécondation (*De la*) et de l'Éclosion artificielles des œufs de poisson et de l'éducation du frai, par Godenier. In-8.

Graines et Fruits. — Des moyens de grossir les graines et les fruits. de doubler les fleurs et d'en varier à volonté les proportions et la forme, par Achille Barbier.

Lapin domestique. — Traité pratique de l'éducation du lapin domestique par le F. Alexis Espanet, 3e édit. 1 vol. in-18.

Melons. — Culture des melons. Méthode simple et précise pour obtenir les melons d'une grosseur extraordinaire, etc., par Dufour de Villerose. 2e édit 1 vol. in-18 orné de 5 grav.

Oie et Canard. — Des moyens à employer pour les engraisser afin d'en tirer de meilleurs produits, par Comarmond. In-8.

Pigeons. — De l'éducation des pigeons, oiseaux de luxe, de volière et de cage, par A. Espanet. 1 vol. in-18.

Plantes fourragères. — Traité pratique de la culture des plantes fourragères, par de Thier. 2e édit. revue et augmentée par A Leroy. 1 vol. in-18.

Poules. — De l'éducation des Poules, dindes, oies et canards, par le F. Alexis Espanet. 1 vol. in-12.

Prairies artificielles. — Des causes de diminution de leurs produits ; études sur les moyens de prévenir leur dégénérescence, par Isidore Pierre, mémoire couronné par la Société d'agriculture d'Orléans. 1 vol in-18.

Races bovines. — De l'amélioration des races bovines en France, et particulièrement dans les départements de l'Est, par Saint-Ferjeux, 2e édit.

Ruche. — Notice sur la ruche à espacements et sa culture, par Sauria. In-8. avec 3 planches et tableaux.

Sang de rate des animaux d'espèces ovine et bovine, par Isidore Pierre. In-18.

Sorgho. — Guide du distillateur du Sorgho à sucre, par F. Bourdais. In-18.

Taupier (*L'Art du*), ou Méthode amusante et infaillible pour prendre les taupes, par Dralet. 16e édit. 1 vol. in-12, fig.

Topinambour, offert comme moyen d'améliorer les plus mauvais terrains, etc., par Cénas, 8º édit. In-8.

Végétaux. — De la nutrition des végétaux considérée dans ses rapports avec les assolements, par le baron DE BABO. 1 vol. in-18.

Poirier. — Culture du poirier, comprenant la plantation, la taille, la mise à fruit et la description abrégée des cent meilleures poires, par Ch. BALTET, 3e édit. des *Bonnes Poires*. 1 vol in-18.

Série à 1 fr. 25 c.

Fraisier. — Sa culture forcée, par le comte DE LAMBERTYE. In-8.

Fumier de ferme (*Le*) élevé à sa plus haute puissance de fertilisation et n'étant plus insalubre, par QUENARD. In-18, 2e édit.

Melon et Concombre. — Leur culture forcée, par le comte DE LAM-BERTYE. In-8.

Œillets. -- Culture des œillets, par RAGONOT-GODEFROY. In-12, fig. 2e édit.

Pisciculture. — Rapport sur le repeuplement des cours d'eau et sur les travaux de pisciculture de M. MILLET, suivi des *Etude sur les fécondations artificielles des œufs de poisson*, par MM. DE QUATREFAGES et MILLET. In-8.

Porcs. — Du traitement des porcs aux différentes époques de l'année. Extrait des meilleurs ouvrages anglais, par J. A. G. In-18 avec 32 fig.

Rose (*La*) chez les différents peuples, anciens et modernes ; description, culture et propriété des Roses, par CHESNEL, 1838 1 vol. petit in-18.

Rosier. — De la culture du Rosier, avec quelques vues sur d'autres arbres et arbustes, par le comte LELIEUR, 1811. 1 vol. in-12.

Stabulation (*De la*) **de l'espèce bovine,** par le baron PEERS. 1 vol. in-18.

Vinification. — Traité pratique de vinification, par E. RAY. 2e édit. 1 vol. in-18.

Visite à un véritable agriculteur praticien, par DURAND-SAVOYAT, propriétaire-cultivateur. 1 vol. in-18.

Série à 1 fr. 50 c.

Agriculture romaine. — Fragments d'études sur l'agriculture romaine (extraits des auteurs latins), par Isidore PIERRE. 1 vol in-18.

Animaux. — Recherches expérimentales sur l'alimentation et la respiration des animaux, par J ALLIBERT. In 8.

Arboriculture. — Leçons élémentaires, théoriques et pratiques d'arboriculture, par Gressent. In-18.

Arbres fruitiers. — Le pincement court ou méthode de direction des arbres, et notamment du pêcher, par Grin aîné. In-8 accompagné de 5 planches.

Arbres fruitiers. — Nouvelle méthode de taille des arbres fruitiers et de la vigne, par Picot-Amette. 3e édit. 1 vol. in-18 orné de 37 grav. dans le texte.

Asperges. — Les asperges, les fraises et les figues, par Lebeuf, 2e édit. 1 vol. in-18.

Betteraves. — Production agricole et richesse saccharine des betteraves ensemencées à différentes époques, par Marchand. In-8.

Cailles, Perdrix, Colins ou Cailles d'Amérique. — Guide pratique pour les élever, etc., par Allary. Edition augmentée d'un chapitre sur l'*Incubation artificielle*, par A. Leroy. 1 vol. in-18. Fig.

Conifères de pleine terre. — Notice sur 66 variétés, par Paul de Mortillet. 2e édit. in-8.

Cultivateur anglais (*Le*). — Théorie et pratique de l'agriculture, par Murphy, traduit de l'anglais sur la 5e édit. par Sanrey. In-18. Fig.

Irrigation. — Manuel d'irrigation, par Deby. In-18 avec 100 fig.

Maladies des arbres fruitiers. — Moyen très-simple de les prévenir et de les guérir, par Lahaye. 1re partie : *Arbre· à pepins*, in-8.

Ruches. — Les ruches de tous les systèmes, ou examen et description des ruches anciennes et modernes, avec 51 fig. dans le texte, par Buzaires, avec des notes par Hamet. In 8.

Truite. — De la pisciculture de la truite, par Comarmond. In-8.

Série à 2 fr.

Arboriculture (*L'*) des écoles primaires, ou notions d'arboriculture fruitière mises à la portée des enfants, par J. Brémond. 2e édit. 1 vol. in-18 et atlas.

Betterave. — Traité pratique de la culture et de l'alcoolisation de la betterave, par N. Basset. 1 vol. in-18, 2e édit.

Faisans, Canards mandarins, Cygnes. etc. Guide pratique pour les élever par Arthur Legrand. 1 vol. in-18 avec fig.

Phosphates. — Recherches sur l'emploi agricole des phosphates, par P. Dehérain. 1 vol. in-8.

Rosier. — La taille du rosier, sa culture, ses belles variétés, par Forney. 1 vol. in-18 orné de 52 fig.

Vigne. — Nouvelle culture de la vigne en plein champ, sans échalas ni attaches, par Trouillet. 3ᵉ édit. in-18 avec 15 gravi

Vigne. — Le quatrième livre du *Rustican de Pierre Crescenzi*, consacré à la vigne, à sa culture et à l'étude de son produit. In-8.

Traduction d'une partie d'un ouvrage publié pour la première fois en 1471.

Série à 2 fr. 25 c.

Culture potagère. — Nouveau traité de culture potagère, par Joigneaux, 1 vol. in-18.

Fuchsia. — Histoire et culture du fuchsia, suivies de la description de 540 espèces et variétés, par F. Porcher, 1 vol. in-18, 3ᵉ édit.

Série à 2 fr. 50 c.

Abeille. — Guide du propriétaire d'abeilles, par S.-A. Collin, 3ᵉ édit. 1 vol. in-18 avec pl.

Analyse chimique appliquée à l'agriculture (*Notions élémentaires d'*), par Isidore Pierre, 1 vol. in-18 avec fig.

Arbres fruitiers (*Les*). Manuel populaire de culture, marcottage, bouturage, greffage et taille, par P. Joigneaux. 1 vol. in-18 orné de 111 grav. et du portrait de van Mons.

Bétail. — De l'alimentation du bétail aux point de vue de la production, du travail, de la viande, de la graisse, de la laine, du lait et des engrais, par Isidore Pierre, 3ᵉ édit. 1 vol. in-18.

Céréales. — Etudes comparées sur la culture des céréales, des plantes fourragères et des plantes industrielles, par Isidore Pierre. 1 vol. in-18.

Chasse. — Carnet de chasse, in-18 oblong, joli cartonnage, toile anglaise.

Coq de bruyère. — La chasse au coq de bruyère. Histoire naturelle, mœurs, lieux habités par ces oiseaux. L'art de les chercher, de les tirer, de les élever en volière, par Léon de Thier. 1 vol. in-18.

Engrais de commerce. — Guide pratique du cultivateur pour le choix, l'achat et l'emploi des engrais de commerce, etc., par Dudouy. 1 vol. in-18.

Fermentation vineuse. — Leçons sur la fermentation vineuse et sur la fabrication du vin, par Béchamp. 1 vol. in-18.

Fourrages. — Recherches sur la valeur nutritive des fourrages, par Isidore PIERRE. 1 vol. in-18, 3ᵉ édit.

Fours économiques à circulation d'air chaud, par A. CASTERMANN. 1 vol. grand in-8 avec 5 pl., 2ᵉ édit. Bruxelles.

Jardinier amateur. — Petit dictionnaire manuel du jardinier amateur, par MOLÉRI. 1 vol. in-18.

Porcheries. — De l'etablissement des porcheries, dispositions diverses, construction, par J. GRANDVOINNET. 1 vol. in-18 avec 95 fig. dans le texte.

Rossignols. — Manuel sur l'art de prendre vivants et d'élever les rossignols, par CONORT. 1838. In 18.

Vignes rouges et vins rouges en Maine-et-Loire, par GUILLORY aîné. 1 vol. in-8 avec pl.

Série à 3 fr.

Apiculture. — Cours pratique d'apiculture professé au jardin du Luxembourg par HAMET. 2ᵉ édit. 1 vol. in-18 orné de 100 fig.

Drainage. — L'Art de tracer et d'établir les drains, par GRANDVOINNET. 1 vol. in-18 avec 160 fig.

Révolution agricole, ou moyen de faire des bénéfices en cultivant les terres, par LEBEUF. 1 vol. in-18.

Série à 3 fr. 50 c.

Bécasse. — Le Chasseur à la bécasse, par SYLVAIN (Th. POLET DE FAVEAUX). 1 vol. in-12 orné de 35 fig. dans le texte.

Chasse (*La*) **et la Pêche** en Angleterre et sur le continent. Trad. de divers ouvrages anglais, 1842. 1 vol. in-8º orné de 52 grav.

Chasseur infaillible. — Le Chasseur infaillible (*The Dead Shot*), ou Guide complet du sportsman pour l'usage du fusil, contenant des leçons progressives sur le tir de toute espèce de gibier, le tir aux pigeons, le dressage des chiens, par MARKSMAN, traduit de l'anglais sur la 3ᵉ édition par Ch. KERDOEL, augmenté d'un appendice sur le tir de la caille, des oiseaux de marais et du gibier de mer. 1 vol. in-18.

Chevaux. — Conseils aux acheteurs de chevaux, ou Traité de la conformation extérieure du cheval à l'état de santé ou de maladie, avec de nombreuses instructions pour l'appréciation, avant la vente, des vices, défauts, affections, etc., suivi de la loi sur les vices rédhibitoires et la garantie du vendeur, par JOHN STEWART, traduit de l'anglais par le baron d'HANENS. 1 vol. in-18,

Ecurie. — Economie de l'Ecurie. Traité de l'entretien et du traitement des chevaux (écurie, pansage, nourriture, boisson, travail), par John Stewart, traduit de l'anglais sur la 7e édition par le baron d'Hanens. 1 vol. in-18.

Jardin fleuriste (*Le*), ou Instructions pour la culture des plantes d'ornement, annuelles ou vivaces, arbres et arbustes, oignons à fleurs. etc., par Ch. Lemaire et Lequien. 2e édit. 1 vol. in-18 orné de 31 fig.

Oiseaux de volière. — Manuel de l'amateur des oiseaux de volière, ou Instruction pour connaître, élever, conserver et guérir toutes les espèces d'oiseaux que l'on aime à garder en volière ou dans la chambre, par Bechstein. Traduit de l'allemand sur la 2e édit. 1 vol. in-18.

Poires. — Quarante poires pour les dix mois de juillet à mai. — Monographie divisée en quatre séries de dix poires, dont la maturation s'effectue pendant chacun des mois de juillet à mai, etc., par P. de Mortillet, 2e édition. 1 vol. in-8o avec 40 fig. au trait de grandeur naturelle.

Vers à soie. — Conseils aux nouveaux éducateurs de vers à soie. par F. de Boullenois, 2e édit. 1 vol. in-8o.

Série à 5 fr.

Arbres fruitiers. — Manuel théorique et pratique de la culture forcée des arbres fruitiers, comprenant tout ce qui concerne l'art de faire mûrir leurs fruits hors de saison, par Pynaert. 1 vol. in-18 orné de 12 fig. — Cet ouvrage a été couronné par la Société impériale d'horticulture de Paris.

Fraisier. — Sa botanique. son histoire, sa culture, par le comte Léonce de Lambertye. 1 vol. in-8.

Série à 6 fr.

Arboriculture (*L'*) **fruitière en 26 leçons,** par Gressent. 2e édit. 1 vol. in-18 avec 192 fig. explicatives.

Œuvres de Jacques Bujault, complétées et accompagnées de notes inédites par J. Rieffel et Ayrault. 3e édit. 1 vol. grand in-8 orné de 33 grav.

Potager moderne (*Le*). — Traité complet de la culture des légumes, par Gressent. 1 vol. in-18 avec 64 fig. explicatives.

JOURNAUX D'AGRICULTURE ET D'HORTICULTURE.

L'AGRICULTEUR PRATICIEN, *Revue de l'Agriculture française et étrangère*, publié avec la collaboration des Agriculteurs et Agronomes les plus distingués de la France et de l'étranger.

Ce Journal, dans lequel sont traitées toutes les questions agricoles les plus importantes, est le meilleur marché des Journaux publiés à Paris. Il paraît les 10 et 25 de chaque mois. — L'abonnement date du 1er janvier. La 12e année est en cours de publication.

PRIX DE L'ABONNEMENT POUR L'ANNÉE :

Paris, les départements, l'Algérie et la Corse............	6 fr. » c.
Royaume d'Italie......................................	7 »
Belgique, Espagne, Portugal, Suisse et Colonies..........	7 50
Les onze années publiées..................................	55 »
Chaque année séparément........	6 »

L'APICULTEUR, *Journal des Cultivateurs d'abeilles, Marchands de miel et de cire*, publié sous la direction de M. HAMET.

Ce Journal paraît le 1er de chaque mois, par livraisons de 32 pages avec figures dans le texte. — L'abonnement date du 1er octobre. La 10e année est en cours de publication.

PRIX DE L'ABONNEMENT POUR L'ANNÉE :

Paris, les départements, l'Algérie et la Corse.. .... 6 fr.
L'étranger, port en sus.

FLORE DES SERRES ET DES JARDINS DE L'EUROPE,

description et figures des plantes les plus rares nouvellement introduites sur le continent ou en Angleterre, publiée par VAN HOUTTE.

Cet ouvrage paraît à des époques indéterminées par cahiers grand in-8 composés de 9 planches coloriées et 32 pages de texte ornées gravures sur bois.

Le tome 15 est en cours de publication.

PRIX DE SOUSCRIPTION AU VOLUME :

Paris, les départements, l'Algérie et la Corse........ .... 38 fr
L'étranger, port en sus.

L'ILLUSTRATION HORTICOLE, *Journal spécial des serres et des jardins*, par LEMAIRE, et publié par VERSCHAFFELT. Un cahier grand in-8 tous les mois, grav. dans le texte et 4 pl. coloriées. La 12e année est en cours de publication.

PRIX DE L'ABONNEMENT : 18 FR.

Evreux, A. HÉRISSEY, imprimeur. — 165

ÉVREUX, A. HÉRISSEY, imp. — 1865.